国家重点研发计划项目(2019YFC1904304)
江苏省自然科学基金青年项目(BK20200634)
国家自然科学基金青年科学基金项目(52104107)
中国博士后基金面上项目(2019M652018)
中央高校基础研究项目(2019QNA19)
江苏省老工业基地资源利用与生态修复协同创新中心专项经费

深部大采高充填沿空留巷围岩控制理论与技术

龚　鹏　鞠　杨　马占国　著
靳苏平　任宝恒

中国矿业大学出版社
·徐州·

内 容 提 要

深部高应力复杂地质条件下沿空留巷的围岩控制难题是我国无煤柱开采技术发展的技术瓶颈之一。矸石充填综采沿空留巷技术将煤炭地下充填开采技术与沿空留巷技术相结合,是实现深部大采高无煤柱开采的有效途径。本书综合运用实验室试验、理论分析、数值模拟、相似试验和现场监测等手段,对深部大采高矸石充填综采沿空留巷矿压显现规律、顶板结构特征、巷旁支护材料特性、巷旁支护体稳定性、围岩控制技术等问题进行了系统研究。相关研究成果对推动无煤柱绿色开采技术体系的发展具有重要的理论和实践意义。

本书可供从事采矿工程、环境工程、地质工程、矿山安全以及岩石力学与工程等专业的科技工作者、研究生和本科生使用。

图书在版编目(C I P)数据

深部大采高充填沿空留巷围岩控制理论与技术 / 龚
鹏等著. —徐州：中国矿业大学出版社,2022.12
ISBN 978 - 7 - 5646 - 4802 - 2

Ⅰ.①深… Ⅱ.①龚… Ⅲ.①煤矿开采－采空区充填
②煤矿开采－沿空巷道 Ⅳ.①TD325②TD263.5

中国版本图书馆 CIP 数据核字(2020)第 154896 号

书　　名	深部大采高充填沿空留巷围岩控制理论与技术
著　　者	龚 鹏　鞠 杨　马占国　靳苏平　任宝恒
责任编辑	吴学兵　　马跃龙
出版发行	中国矿业大学出版社有限责任公司
	（江苏省徐州市解放南路　邮编221008）
营销热线	(0516)83885370　83884103
出版服务	(0516)83995789　83884920
网　　址	http://www.cumtp.com　**E-mail**：cumtpvip@cumtp.com
印　　刷	江苏凤凰数码印务有限公司
开　　本	787 mm×1092 mm　1/16　**印张** 11　**字数** 215 千字
版次印次	2022 年 12 月第 1 版　2022 年 12 月第 1 次印刷
定　　价	49.00 元

（图书出现印装质量问题,本社负责调换）

前　言

　　21世纪以来我国经济发展进入新常态，从高速增长转向中高速增长，能源革命加快推进。《煤炭工业发展"十三五"规划》指出：要"加强充填开采、保水开采等绿色开采技术研发"和"最大程度减轻煤炭生产开发对环境的影响"。我国煤矿采煤工作面两端的区段巷道总长度达到几百万米，长期以来一直沿用保留煤柱的方法进行维护。使用煤柱维护区段巷道的煤炭损失量一般要占全矿煤炭损失量的40%左右，位居矿井煤炭损失的首位。同时，区段巷道的开掘、准备和维修费用要占煤矿开发、准备和维修费用总和的50%左右。沿空留巷技术作为一种无煤柱开采技术，可在提高矿井回采率的同时，降低巷道的掘进率和维护费用，是解决这一问题的有效途径。

　　现阶段，垮落法管理顶板的沿空留巷技术在简单条件下薄煤层工作面中的应用已基本成熟。但是，用垮落法管理顶板的沿空留巷技术在中厚煤层或厚煤层大断面巷道中的应用效果并不理想，在深部巷道中实施沿空留巷的难度更大。因此，深部高应力复杂地质条件下大采高工作面沿空留巷的围岩变形控制，至今仍是我国无煤柱开采技术发展的瓶颈之一。

　　近年来，充填开采技术逐渐发展成熟，并以其顶板破坏程度轻、周期来压不明显、巷道压力小等优势，为沿空留巷技术的发展提供了新途径。矸石充填综采沿空留巷技术将煤炭地下充填开采技术与沿空留巷技术相结合，可实现深部大采高条件下的无煤柱开采。目前，矸石充填沿空留巷理论还处于探索阶段，现有的针对垮落法管理顶板的沿空留巷的相关理论和技术无法有效指导矸石充填沿空留巷。因此，针对矸石充填综采沿空留巷的巷道围岩变形理论、覆岩荷载传递机制、巷旁支护体的材料和结构设计方法等内容的研究已成为现阶段亟待开展的工作。本课题有利于煤炭资源的集约、安全、高效、绿色生产,对推动无煤柱绿色开采技术体系的发展和完善具有重要的理论和实践意义。

本书针对我国深部大采高无煤柱开采难题,综合运用实验室试验、理论分析、数值模拟、相似试验和现场监测等手段,对深部大采高矸石充填综采沿空留巷的矿压规律、顶板结构特征、巷旁支护材料特性、巷旁支护体稳定性、围岩控制技术等问题进行了系统研究,阐明了充填沿空留巷稳定性随充填区承载特性、顶板变形特征、巷旁支护结构等关键参数变化的演化规律,揭示了充填沿空留巷工作面矿压规律和围岩变形机理,提出了以刚-柔结合巷旁支护结构、充填区工艺参数设计、充填区侧向压力控制、底板局部加固支护设计等技术为核心的深部大采高充填沿空留巷围岩变形控制技术体系。

本书撰写过程中,得到了中国矿业大学茅献彪教授、白海波教授、高峰教授、陈占清教授、王连国教授、浦海教授、周跃进教授、赵玉成教授、刘卫群教授、王建国教授、张凯教授和吴宇副教授的指导和帮助;耿敏敏、刘飞、冯宇、张彦坤、蒋众喜和连永权等人参与了本书的试验研究工作;成世兴、王拓、戚福周、李宁、胡俊、张敏超、陈永珩和徐磊等研究生参与了本书的相关数据处理和文字校对等工作。

感谢书中参考文献的作者。本书参阅文献较多,如有遗漏,敬请谅解,在此一并表示感谢。

本研究还得到如下项目资助:国家重点研发计划项目(2019YFC1904304)、江苏省自然科学基金青年基金项目(BK20200634)、国家自然科学基金青年项目(52104107)、中国博士后基金面上项目(2019M652018)、中央高校基础研究项目(2019QNA19)、江苏省老工业基地资源利用与生态修复协同创新中心专项经费。

矸石充填沿空留巷技术涉及众多学科,理论和实践问题仍有待深入研究,由于作者水平有限,书中难免有不妥之处,敬请广大同行专家和读者批评指正。

著 者

2022 年 12 月

目　　录

1 绪   论

1.1 研究背景和意义

21世纪以来我国经济发展进入新常态,从高速增长转向中高速增长,能源革命加快推进。《煤炭工业发展"十三五"规划》[1-2]指出:要"加强充填开采、保水开采等绿色开采技术研发""最大程度减轻煤炭生产开发对环境的影响"。我国煤矿回采工作面两端的区段巷道,总长度达到几百万米,长期以来一直沿用保留煤柱的方法进行维护。使用煤柱维护区段巷道的煤炭损失量一般要占全矿煤炭损失量的40%左右[3],位居矿井煤炭损失的首位。同时,区段巷道的开掘、准备和维修费用要占煤矿开发、准备和维修费用总和的50%左右[4]。沿空留巷技术作为一种无煤柱开采技术,可在提高矿井回采率的同时,降低巷道的掘进率和维护费用,是解决这一问题的有效途径。

现阶段,垮落法管理顶板的沿空留巷技术在简单条件下薄煤层工作面的应用中已基本成熟。但是,垮落法管理顶板的沿空留巷技术在中厚煤层或厚煤层大断面巷道中的应用效果并不理想,在深部巷道中实施沿空留巷的难度更大[5-15]。因此,深部高应力复杂地质条件下大采高工作面沿空留巷的围岩变形控制,至今仍是我国无煤柱开采技术发展的瓶颈之一[16]。

近年来,充填开采技术逐渐发展成熟,并以其顶板破坏程度轻、周期来压不明显、巷道压力小等优势,为沿空留巷技术的发展提供了新途径[17-26]。矸石充填综采沿空留巷技术(图1-1)将煤炭地下充填开采技术[27-41]与沿空留巷技术[42-45]相结合,可实现深部大采高条件下的无煤柱开采。目前,矸石充填沿空留巷理论还处于探索阶段,现有的针对垮落法管理顶板的沿空留巷的相关理论和技术无法有效指导矸石充填沿空留巷。因此,针对矸石充填综采沿空留巷的巷道围岩变形理论、覆岩荷载传递机制、巷旁支护体的材料和结构设计方法等内容的研究已成为现阶段亟待开展的工作。本课题的研究有利于资源的集约、安全、高效、绿色生产[46],对推动无煤柱绿色开采技术体系的发展和完善具有重要的理论和实践意义。

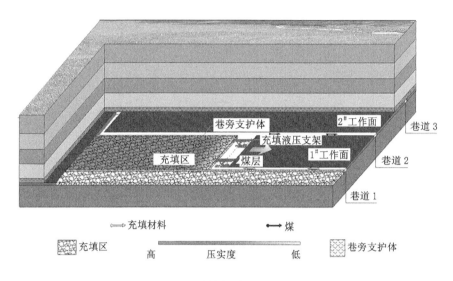

图 1-1 矸石充填综采沿空留巷示意图

1.2 国内外研究现状

1.2.1 沿空留巷围岩变形机理研究现状

从 20 世纪 50 年代开始,英国、德国、波兰、俄罗斯和中国等世界主要产煤国家陆续对沿空留巷技术进行探索[47-55]。沿空留巷技术通过在采空侧巷帮构筑巷旁支护体,将本工作面的运输巷保留下来,作为下个工作面的回风巷使用,实现一巷两用的效果[56],见图 1-2。

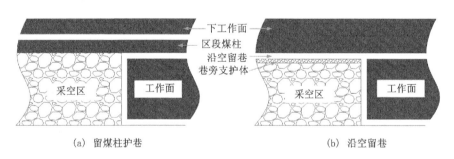

(a) 留煤柱护巷   (b) 沿空留巷

图 1-2 沿空留巷工作面布置

20 世纪 60 年代苏联开始推广沿空留巷技术的,该技术在顶板比较稳定和底板比较坚硬的煤层或薄及中厚煤层的开采中得到了较广泛的应用。如苏联学者 B.胡托尔诺依将采场矿压悬梁模型推广应用到沿空留巷的研究中,得到了计算巷旁支护切顶的支护工作阻力计算公式。

英国 Whittaker 等学者将用于采场矿压研究的 Wilson 模型加以发展和推广,根据岩体结构的静力关系提出分离岩块力学模型;英国南威尔士大学斯麦脱等学者提出倾斜顶板力学模型,该模型基本思路是限制巷道实体煤帮一侧至采空区边缘之间顶板的下沉量,提出顶板的倾斜角度与转动支点的位置是巷旁支护设计时的两个重要参数。

德国作为世界技术最发达的采煤国家之一,很多矿井开采通道的巷道都是通过沿空留巷的方式设计的,例如盘区集中巷、大断面的开切眼等。因此沿空留巷技术在德国的煤矿开采中占据了重要的地位。

目前,大部分学者对沿空留巷技术的研究主要基于垮落法管理顶板的开采条件,专注于顶板结构优化、巷旁支护形式、巷旁支护阻力和巷内加强支护参数设计等方面。

(1)顶板变形、破断规律和结构优化方面

张农等[57]在采场覆岩运动特征分析基础上,阐明了采空侧楔形区顶板的传递承载作用机制;提出留巷围岩区域应力优化技术思路,研究了采空侧顶板预裂卸压机理;基于巷旁支护系统刚度匹配原则,提出整体强化的沿空留巷结构控制原理,最终总结出预裂爆破卸压、分区治理、结构参数优化、“三位一体”围岩控制及墙体快速构筑等沿空留巷围岩控制关键技术。李迎富[58]根据沿空留巷上覆岩层的活动规律,建立了关键块和直接顶的力学模型,分析了关键块与沿空留巷围岩相互作用机制,推导出巷旁支护阻力的计算公式,得到了关键块稳定性系数及其稳定性影响因素的敏感度。韩昌良等[59]结合复合顶板松软易变形,容易造成巷旁充填区顶板抽冒和巷内顶板切落的特征,建立了巷旁支撑系统力学模型,得出顶板、墙体和底板的系统刚度算式,阐明了复合顶板吸收变形的特征:直接顶、墙体和直接底组成巷旁支护系统共同承担顶板压力;系统刚度随着顶底板刚度的增加而增大,初始刚度越小则增大的效果越明显;厚层复合顶板具有良好的吸收变形能力,有利于缓解巷旁墙体的压力。卢小雨等[60]基于支架-围岩整体力学模型,利用位移变分原理研究了沿空留巷基本顶在给定变形下直接顶的受力、变形情况,探讨了顶板下沉量与巷内、巷旁支护阻力,直接顶厚度,巷道宽度及充填体宽度之间的相互关系。张自政[61]采用弹性损伤力学和能量变分理论,推导了不同时期沿空留巷充填区域的直接顶垂直应力和水平应力表达式,得到了工作面液压支架支撑护顶阶段、无巷旁充填体支撑阶段、巷旁充填体增阻支撑阶段、巷旁充填体稳定支撑阶段的充填区域直接顶垂直应力和水平应力分布特征。武精科等[62]针对深井沿空留巷顶板出现的离层破碎难以形成承载结构甚至发生冒顶灾害的控制难题,采用综合现场调研、理论分析及实测方法,将其变形破坏形式进行归纳分类并深入分析,提出了多支护结构控制系统,研究了新系统的组成结构、控制原理、支护材料和支护时序。陈勇等[63]对带有导向孔的浅孔爆破在留巷切顶卸压中的应用技术做了深入研究,基于浅孔爆破沿空留巷切顶卸压机制,利用 LS-DYNA 数值模拟与理论分析相结合的方法,分析了导向孔作用机理,探究了参数选取对爆破效果的影响。韩昌良等[64]综合考虑采动应力场、岩体承载性能和支护结构强度等因素,分析沿空留巷跨高比对围岩变形的影响,采用数值计算方法对比分析 9 种不同的跨高比留巷方案,结果表明优化留巷断面形态可充分提高留巷围岩的稳定性和抗变形能力。殷伟等[65]基于多元回归分析法,在分析充填采煤沿空留巷覆岩移动特征的基础上,以充实率、采高、巷道跨度、巷旁支护体强度、巷旁支护体宽度、硬岩厚度比系数、采深和工作面长度为主要影响因素,结合正交实验设计、FLAC³ᴰ数值模拟及 SPSS 软件对沿空巷道顶板下沉量进行了多元非线性回归分析,得到沿空留巷顶板下沉量的非线性预测公式。孙晓明等[66]尝试了采用预裂爆破的方法进行人工强制放顶,在薄煤层坚硬顶板的条件下完成了留巷。通过对薄煤层工作面回采过程中顶板受力状态进行分析,确定影响薄煤层切顶卸压沿空留巷的关键参数为顶板预裂切顶高度、预裂切顶角度以及预裂爆破钻孔间距。高魁等[67]通过数值模拟和理论分析的方法,阐述深孔爆破强制放顶的卸压机制:炸药在坚硬岩体中爆破,爆破孔周边的岩体受爆轰应力波作用产生大量裂隙并发生大幅度位移,使爆破孔周围的应力重新分布,厚层顶板垮落,降低巷旁充填墙体的附加载荷,从而起到护巷作用。赵一鸣等[68]针对深部沿空留巷厚硬顶板大面积悬露及采空侧顶板长悬臂劣化围岩应力环境难题,分析了千米深井厚硬顶板直覆沿空留巷矿压显现特征,提出了沿空留巷超前工作面采场顶板深孔预裂爆破放顶优化与采空侧顶板结构破断卸压相结合的围岩结构优化控制技术;同时基于理论模型与树脂模型结果,分析了厚硬顶板条件下留巷充填墙体上方载荷与采空侧顶板悬臂长度的相互关系。李化敏[69]针对沿空留巷顶板动态变形的特点,分析了沿空留巷顶板岩层运动过程及其变形特征,明确了顶板岩层运动各阶段巷旁充填体的作用,根据充填体与顶板相互作用原理,确定了各阶段沿空留巷巷旁充填体支护阻力的控制设计原则,并建立了相应的支护阻力及合理压缩量数学模型。马占国等[70]在分析了综采矸石充填沿空留巷覆岩变形特征的基础上,建立了综采充填条件下沿空留巷顶板关键层的力学模型;运用 Winkler 弹性地基理论,分析了覆岩关键层在部分弹性地基作用下的边界耦合问题,推导得出了关键层挠度的解析表达式;结合具体条件,计算得出了综采矸石充填沿空留巷顶板关键层的挠度曲线,在此基础上,采用库仑土压力理论,求解矸石充填区对沿空留巷巷旁支护墙体的侧压力。

以上研究和实测结果表明,在垮落法管理顶板的沿空留巷工程中,随着工作面的推进,巷道顶板向采空侧旋转变形,导致巷旁支护体支撑力升高。当巷道内部的加强支护措施和巷旁支护体的早期强度能够提供足够的支护阻力时,顶板关键岩层在巷旁支护体边缘附近达到弯矩极限,留巷顶板关键岩块沿巷旁支护体外侧切落[71]。切落基本顶可以减小顶板在采空区侧的悬露长度,降低顶板作用在巷旁支护体上的附加荷载,从而达到降低巷道应力集中程度和冲击危险性,提高留巷成功率的目的。因此,能否安全地将顶板关键岩块沿巷旁支护体外侧切落是垮落法管理顶板的沿空留巷工程成功的关键。为此,很多学者和工程师在提高巷旁支护体的材料强度、优化巷内支护参数和人工干预切顶[72-74]等领域做了大量研究,取得了诸多成果。

(2)巷旁支护方式和材料设计方面

早期的木垛、密集支柱等巷旁支护形式由于留巷断面小、隔离采空区效果差、易燃、劳动密集、辅助运输和施工速度慢等缺点[75-76],基本不满足地下综合机械化开采沿空留巷的要求。因此,国内外学者针对沿空留巷技术提出了多种巷旁支护形式和材料设计方法,并进行了现场试验。

韩昌良等[77]探讨了砌块式墙体对沿空留巷的适应性,研究了墙体结构形式、破坏过程、本构关系及承载力,揭示了沿空留巷砌块式墙体结构的破坏机理及承载特性。研究结果表明,砌块式墙体的轴向受压承载力应与其所需的支护阻力相匹配;砌块式墙体的强度应与顶底板的强度相匹配。唐建新等[78]基于缓斜中厚煤层综采工作面沿空留巷顶板岩层运动规律及其变形特征,分析了采用普通混凝土进行巷旁充填沿空留巷的可行性,提出了支护体的特点和性能要求,并设计出合理、经济的支护体系。张高展等[79]通过正交实验设计,分析和研究了巷旁支护充填材料的流变和力学性能,测试充填材料单轴受压变形性能并分析界面过渡区的微观结构。结果表明:水胶比 0.41、砂率 0.41、复合外加剂掺量4.0% 时可制备出泵送性能好、早期强度高和适应变形性能好的巷旁支护充填材料。杨宝贵等[80]通过理论分析和数值模拟,对垮落法和充填法开采下的采空区沿空留巷巷道矿山压力进行对比分析,进一步探究了采空区全部充填后沿空留巷巷道的变形规律。最终,结合高浓度胶结充填体的力学特性,设计了沿空留巷巷内基本支护、加强支护的方式。李杰等[81]针对城郊煤矿 C2401 工作面的顶板赋存条件较差、煤层倾角小的特点,通过对超高水材料基本性能的研究,提出了综采面超高水材料袋式充填开采兼沿空留巷技术,在综采面超高水材料袋式充填开采过程中配合锚梁网联合支护技术对运输斜巷进行留巷。宁建国等[82]

为解决薄煤层坚硬顶板条件下沿空留巷内新鲜风漏向采空区,引起采空区发火的问题,建立了坚硬顶板沿空留巷力学结构模型,提出矸石带+钢筋+喷浆的巷旁柔性支护方式,并采用实验室试验的方法验证了该支护方式的支护效果,同时在姜家湾煤矿 2109 巷道进行现场试验。试验结果表明:矸石带+钢筋+喷浆的巷旁柔性支护方式具有较好的可缩性,在顶板早期运动阶段,允许顶板产生一定变形释放压力;而在顶板后期运动阶段,喷浆材料能较好地附着在支护体表面,消除采空区发火隐患。叶根喜等[83]针对千米深井沿空留巷存在的问题,以山东某矿为试验场所,开展了沿空巷旁复合材料充填试验及其应用的研究;提出了基于复合充填材料的分段分级施工、承载理论,并进行了主副墙体的参数和性能设计;最后,研究了主墙体矸石砖的制作过程,包括材料配比的优化、生产的工艺流程等参数。贾民等[84]针对常规沿空留巷技术在制约工作面回采速度和增大采空区作业危险性方面存在的局限性,提出一种新型沿空留巷技术——超前立柱式沿空留巷技术。为成功实施该技术,首先,采用二次成巷和高强锚杆支护技术保证宽巷道的稳定性;其次,选用钢管砂石柱作为巷旁支护体,其高强度性能可较好地切断和支撑顶板使宽巷道的一部分保留下来;最后,柱间采用钢丝网+风筒布+喷浆防止沿空留巷与采空区间的漏风,使工作面实现 Y 型或 U 型通风。龚鹏等[85]在研究矸石混凝土材料力学特性的基础上,探讨了矸石混凝土作为巷旁支护材料的可行性。侯朝炯等[86]研发了高水速凝材料及膏体材料作为巷旁支护新材料,其优点是支护阻力大、增阻速度快、适量可缩和巷道维护效果好,可机械化整体构筑巷旁支护体,劳动强度低,对采空区密闭性好。

(3)巷旁支护体稳定性控制技术和巷内支护参数设计方面

龚鹏等[87]提出了一种新的含有柔性垫层的巷旁支护体结构,可以适应基本顶的给定变形,同时能够提供足够的支撑力控制直接顶的下沉。陈勇等[88]以焦煤集团九里山煤矿巷旁充填沿空留巷为工程背景,采用理论分析、数值模拟和现场试验相结合的方法,得出巷旁支护体合理宽度的确定方法。华心祝等[89]认为沿空留巷技术在薄、中厚煤层中应用较多,但在 3 m 以上较大采高工作面中应用少的主要原因是已往建立的沿空留巷力学模型欠妥,巷内与巷旁支护方式不合理。因此,提出了一种主动的巷旁加强支护方式:巷旁采用锚索加强支护,巷内采用锚杆支护。建立了考虑巷帮煤体承载作用和巷旁锚索加强作用的沿空留巷力学模型,并分析了巷内锚杆支护和巷旁锚索加强支护的作用机理。张吉雄等[90]基于固体密实充填采煤的覆岩移动规律,分析了沿空留巷围岩变形特征及巷旁支护体的作用机理,认为夯实机夯实充填体而传递来的侧压力是导致巷旁支护体失稳和变形的主要因素,据此建立了侧向压力与巷旁支护体稳定性力学模型,推导出巷旁支护体宽度计算公式。周保精等[91]通过对沿空留巷充填体抗压强度、纵向变形适应性等影响充填体稳定性因素进行分析和计算,论述充填体宽高比系数远小于 0.8 条件下矸石混凝土充填体可以保持留巷系统的稳定,并通过模拟计算和工程实例验证了宽高比为 0.23 的矸石混凝土充填体留巷系统的稳定性。阐明小宽高比充填体沿空留巷施工的可行性,对维护沿空留巷系统稳定性的参数进行了优化,并在工程实践中成功应用。宁建国等[92]发现坚硬顶板条件下沿空留巷,工作面顶板悬顶距越大,悬顶时间越长,巷旁支护体将承受较大的压力,支护体易发生变形和破坏。通过建立坚硬顶板沿空留巷巷旁支护力学模型及对顶板不同运动阶段支护体内应力分布和围岩变形进行数值模拟,结果表明:在顶板岩层运动早期支护体应具有较大的可缩量,在保持支护体本身不遭受严重损坏的前提下,允许顶板产生一定下沉,以释放掉一定的顶板压力;在顶板岩层运动后期支护体应具有较高的支护阻力,抵抗坚硬顶板部分载荷并进行断顶。文献[93-94]认为留巷高度对巷旁充填体的稳定性有重要影响,并提出了不同采高和顶板岩性条件下的巷旁支护体合理宽度的设计方法。陈勇等[95]针对沿空留巷变形的阶段性特征,采用巷内基本支护与加强支护相结合的方式,在易冒落和中等冒落程度顶板的沿空留巷实践中取得了成功。

1.2.2 充填开采理论与应用研究现状

早在 20 世纪初,我国就在井工开采工作面探索出了水砂充填管理顶板的开采方法,80 年代抚顺矿务局成功尝试了隔离注浆的方法减缓地表下沉,此后,该技术先后在新汶华丰矿、兖州东滩矿和开滦唐山矿等煤矿广泛应用。进入 21 世纪,煤矿充填开采技术在不断改进的过程中得到快速发展[96]:充填开采应用范围逐步扩大,充填开采技术日趋完善,充填开采装备创新成果显著。另外,与充填开采相关的基础实验和理论研究也在不断完善。现阶段,国内外充填开采理论与技术的研究成果主要体现在以下几个方面:

(1)充填开采散体材料力学特性试验

国外学者在散体、膏体和砌体充填材料的力学特性方面做了大量工作[97-112],比较有代表性的有:T.Belem 等[113]通过实验室试验的手段研究了煤矿井下膏体充填材料的配比设计方法。D.Thompsonb 等[114]通过对充填工作面系统全面的矿压监测,为充填工艺参数的优化和充填效率的提升提供保障。R.M. Pankine 等[115]采用实验室试验和数值模拟的手段,研究了澳大利亚 20 种水力回填物料特性,在此基础上简述了矿山膏体充填方法。V.K.Agarwal[116]通过实验手段探讨了来自加拿大 3 个不同矿山的废弃矸石充填材料的力学特性。

国内学者的代表性工作主要有:张吉雄等[117]采用扫描电子显微镜技术、图像处理技术以及颗粒流数值模拟相结合的方法,研究散体充填材料的细观参数与宏观应变量之间的关系,通过选取颗粒等效粒径、颗粒形状系数、颗粒定向度、表观孔隙率、连通率和颗粒接触关系等 6 个指标对散体充填材料的形态特征、孔隙特征、接触特征进行细观量化分析；通过 PFC 数值模拟对散体充填材料与宏观压实力学特性进行了模拟研究。马占国等[118-127]分析了不同岩性条件下，散体材料的渗透率、孔隙率、压实度等参数的演化规律；探讨了露天矿渣作为充填材料的压实力学特性。邓雪杰等[128]针对特厚煤层采出率低、"三下"及其他特殊地质条件下特厚煤层采场围岩移动破坏与地表沉陷控制困难的问题，提出了特厚煤层长壁巷式胶结充填开采技术，系统阐述了该技术的开采系统布置、主要设备与巷式充填开采工艺；并对胶结充填材料的组成及其承载特性进行研究，确定了适用于工程现场的充填材料干料配比为粉煤灰 35%、白灰渣 10%、水泥 2%、矸石 53%，料浆质量分数为 79%，该配比的充填材料单轴抗压强度可达 1.8 MPa。冯国瑞等[129]为解决充填开采原材料不足的问题，以废弃混凝土为骨料制备胶结充填材料，系统研究了废弃混凝土细骨料和粗骨料对充填材料流动性能及力学性能的影响，确定了废弃混凝土细骨料和粗骨料在充填材料中的添加比例，最后运用响应面分析法得出了矸石-废弃混凝土胶结充填材料的合理配比。杨宝贵等[130]为得到煤矿高浓度胶结充填材料的合理配比，在分析煤矿充填开采特点、煤矿对充填材料要求及高浓度胶结充填现状的基础上，分别研究了以粉煤灰、煤矸石、普通硅酸水泥及水为主要充填材料在未添加与添加外加剂时的合理质量配比。结果表明：未添加外加剂时，普通硅酸水泥、粉煤灰、煤矸石、水质量配比为 10%：20%：50%：20% 时充填材料所形成的充填体效果较好。在该配比的基础上添加质量分数 8% 普通硅酸水泥，制成浓度为 79% 的料浆，该充填料浆流动性好，不沁水，无离析，坍落度为 280 mm，28 d 后抗压强度达 5.2 MPa，达到了较好的充填效果。王旭锋等[131]根据采空区内覆岩垮落与充填浆体的空间位置，将超高水材料采空区充填胶结体分为 4 种基本形态，即纯超高水材料胶结体（Ⅰ类）、下半部是超高水材料和矸石混合材料与上半部是纯超高水材料胶结体（Ⅱ类）、下半部是纯超高水材料与上半部是超高水材料和矸石混合材料（Ⅲ类）、超高水材料和矸石整体混合材料（Ⅳ类）。在实验室进行了抗压、抗拉、抗剪等力学参数测试，并通过建立超高水材料充填开采"充填体－基本顶"力学模型，分析材料属性变化对基本顶垮落步距的影响。

（2）充填开采围岩变形和岩层控制理论

M.Helinski 等[132]采用数值模拟方法建立了胶结体特性模型用于敏感性研究，突出了胶结充填行为的一些重要特征，揭示了各种属性之间复杂的作用机制。D.A.Landriault 等[133]基于资源可用性、成本效益和工程效应的研究，探讨了高密度浆体和膏体回填土对于基德河深部矿山充填采矿的可行性。M.Helinski等[134-135]基于两个水泥基膏体充填采场的现场测量和建模分析，研究了其矿压显现规律和围岩力学行为。

张吉雄[136-139]总结了矸石直接充填采煤的技术,系统地介绍了综采矸石充填技术、普采矸石充填技术和掘巷充填技术的充填开采系统布置,关键设备及充填开采工艺;研发了矸石直接充填采煤技术中矸石自地表向井下运输的大垂深投料系统,并对其进行了优化设计。以综采矸石充填技术为例,分析矸石直接充填开采矿压规律的等价采高模型,得到了充填综采采场所需支护强度,从实现煤炭资源绿色开采应重视的基础科学研究、重点技术攻关等方面对今后矸石(固体废物)直接充填采煤技术相关研究进行了展望。李猛等[140]为解决含水层下煤层开采所导致的溃水灾害问题,提出了基于固体充填采煤的保水开采方法,阐述了该方法的基本原理,分析了固体充填开采覆岩导水裂隙演化特征,并基于固体充填开采导水裂隙带高度预计公式,结合《建筑物、水体、铁路及主要井巷煤柱留设与压煤开采规程》,建立了含水层下固体充填开采临界充实率计算模型,分区设计了受含水层影响煤层的充实率,进而对煤层进行了充填工作面设计布置。缪协兴[141]在总结综合机械化固体充填采煤技术研究的基础上,提出实施煤矸井下分离的现实需求与意义,并着重综述了煤矸选择性破坏法、重介质选煤法、动筛跳汰法等井下常用煤矸分离方法的技术原理、系统及关键装备,提出了井下煤矸分离与固体充填采煤系统设计的基本原理;结合唐山煤矿"三下"压煤开采、矿区环境保护以及煤矸井下分离的工程案例,介绍了该矿"采煤→煤矸分离→矸石充填→采煤"闭合循环的采分充采一体化开采技术的基本原理、分离与充填系统设计及实际工程应用效果。张吉雄等[142]基于矸石充填采煤控制采动裂隙高度发育的原理,采用FLAC[3D]数值模拟软件研究了矸石充填采煤导水裂隙带发育高度的变化规律,利用统计分析软件SPSS建立了基于采高与充实率的多元线性回归矸石充填采煤导水裂隙带发育高度计算模型,进而提出了含水层下矸石充填提高开采上限的方法。结果表明:在采高小于3.5 m,充实率达到85%条件下,开采上限可由−300 m提高至−255 m,提高回采煤炭资源182.6万t。经五沟煤矿矸石充填采煤工作面试验,采用钻孔冲洗液漏失量监测法,得到实测导水裂隙带发育高度仅为10 m,与理论计算结果相吻合。黄艳利等[143]针对综合机械化固体充填采煤原位沿空留巷的技术难点,在分析该条件下沿空留巷围岩结构力学模型的基础上,提出了综合机械化固体充填采煤巷旁充填原位沿空留巷的新技术。殷伟等[144]基于平煤十二矿深部开采面临的排矸量大、辅助运输困难、矿区环境污染以及常规充填面产能不足的工程背景,创新了矸石充填与垮落法混合综采技术并阐述了其技术内涵。采用理论分析、物理相似模拟和现场实测方法系统地研究了混合综采工作面覆岩运移规律和空间结构特征。通过理论分析得到了不同充实率状态下混合综采工作面覆岩空间结构特征;物理相似模拟结果表明,混合综采工作面充填段基本顶仅发生弯曲下沉,而垮落段直接顶垮落、基本顶断裂,垮落段基本顶平均下沉量是充填段的4.2倍,覆岩空间结构表现出明显的非对称特征。殷伟等[145]针对平煤集团十二矿己15突出煤层无合适煤层保护层、矸石无法地面排放及常规充填工作面无法满足矿井产能等工程难题,提出了岩层保护层卸压开采矸石充填与垮落法混合综采技术,得出了混合综采面充填段长度与充填高度的关系曲线,优化了混合综采面关键参数,基于数值模拟结果设计己15-31010混合综采面合理充填段和过渡段长度分别为120 m和6 m。工程实践表明,矸石充填与垮落法混合综采技术实现了岩层保护层排矸井下充填的同时兼顾充填工作面产量。巨峰等[146]以济宁三号煤矿63下04(南)-2运矸巷沿空留巷为工程背景,提出固体充填采煤沿空留巷上覆岩层协同控制系统的概念,分析了上覆岩层协同控制系统各要素的支护特性;以顶板允许下沉量及采煤成本等指标为依据,采用FLAC3D确定影响巷道围岩稳定性的3个因素的参数值,即充填工作面充实率需达到80%,矸石带强度需达到4 MPa,矸石带宽高比需达到1∶1;同时结合济宁三号矿具体地质条件,给出了沿空巷道加固支护方案。现场工业性试验表明:该技术的实施使沿空巷道顶底板移近量最大300 mm,两帮移近量最大240 mm,沿空巷道维护效果良好。刘正和等[147]为准确评价大采高综合机械化矸石充填效果,采用理论分析、实验室试验与工程实践相结合的方法,以东坪矿矿建筑物下厚煤层资源回采为研究背景,确定了影响充填质量的评价因素,建立了大采高综合机械化矸石充填质量评价技术体系。研究结果表明:由充填开采岩层移动规律、影响充填质量的因素、质量检测参数、质量检测系统布置、质量检测评价手段等分系统组成的充填质量评价技术体系可以较准确评价充填质量。孙希奎[148]提出在煤柱中掘进巷道并利用矸石回填以置换开采出部分条带煤柱的新技术,研究了条带开采后煤柱中充填巷的布置位置、数目,并分析了置换开采前后上覆围岩的稳定性,提出在条带煤柱集中布置2条宽4.0 m、高5.0 m的矸石充填巷,巷间煤柱宽4.0 m,并进行了工程实践。郑永胜等[149]基于翟镇煤矿固体充填开采实践,提出解决矸石充填端头充填效果差、捣实回拉带矸、充矸刮板输送机限制落矸量、沿空留巷变形严重等问题的方法,并对关键技术进行分析。结果表明:通过设计加工端头旋转捣实和溜头溜尾起高平台,实现了端头的机械化密实充填与全断面捣实充填,使充实率从80%提高到95%,实现采充比100%。

(3)矸石充填开采技术创新与实践

马占国等[150]以房柱式充填采矿方法为背景,建立了表征采空区内矿柱和充填物支撑顶板的弹性板柱力学模型,研究顶板不同阶段下沉的力学过程,通过数值计算从能量观点对充填采场的矿压显现规律、煤柱受力及其破坏特点进行探讨。研究表明:当煤柱的有效承载面积逐渐减小时,单一煤柱的失效将使荷载转移到邻近煤柱上并引起相邻煤柱过载,房柱式充填开采不存在直接顶及基本顶周期来压现象,煤柱内部应力受回收顺序影响较小。王家臣[151]分析了充填开采支架与围岩关系和上覆岩层移动特征,确立顶板载荷估算方法,并通过充填开采实例进行验证。研究表明:充填工作面周期来压步距大,来压强度不明显;直接顶随着工作面推进逐渐冒落,垮落步距相比于普通综采工作面显著增大;基本顶以缓慢下沉形式发生弯曲变形,上覆岩层移动范围明显减小。支架的高工作阻力可以控制顶板的下沉量,保证良好的充填效果,进而减小覆岩破坏高度,控制地表变形。孙强等[152-153]针对五沟煤矿邻近工作面垮落法和固体充填法 2 种不同采场顶板管理方式采煤,基于现场矿压实测结果,对比研究了同一地质条件下 2 种采煤方式的工作面矿压显现规律。结果表明:1013 垮落法开采工作面初次来压步距 28 m,支架支护强度 0.6 MPa,支架安全阀开启率为 5%~9%,采场应力集中系数为 3.76,采场覆岩"三带"特征变化,覆岩裂隙发育高度 45 m。郭文兵等[154]为研究薄基岩厚松散层下充填开采安全性,选择五沟煤矿 CT101 充填工作面为研究对象,通过理论分析、数值模拟和钻孔探测,对 CT101 充填工作面隔水关键层稳定性进行分析,揭示薄基岩厚松散层下充填开采覆岩裂隙高度(深度)及其变化规律,并对开采安全性进行分析。结果表明:采高 3.5 m,矸石充填率为 85% 时,关键层未破断,隔水关键层保持完整。王红伟等[155]为了揭示大倾角煤层开采矸石非均匀充填对采场围岩控制作用,基于大量的工程实践和实验研究,分析了大倾角采场矸石分区充填量化特征及其作用下顶板破坏内在机制,得出了各充填区域长度和充填作用下基本顶垮落长度的量化公式,并以枣泉煤矿 120210 工作面为工程实例,通过相似模拟实验和矿压监测验证其合理性。王启春等[156-160]为分析厚松散层下矸石充填开采地表移动规律,采用 FLAC³D数值模拟软件,利用正交均匀设计试验校正室内岩样力学参数,建立不同松散层厚度条件下矸石充填开采数值计算模型。通过对相同基岩层厚度、不同松散层厚度与相同采深、不同松散层厚度条件下矸石充填开采地表移动规律的研究得出在相同基岩层厚度的条件下,随着松散层厚度的增大,矸石充填开采地表最大下沉量、最大水平移动以及主要影响角正切均增大的结论。

综合以上文献可以发现:国内外在垮落法管理顶板的沿空留巷岩层运动理论、巷旁支护材料和结构设计以及巷道围岩变形机理等方面的研究比较成熟;并且在充填开采领域,充填膏体及破碎岩体的力学特性、充填工作面矿压理论、覆岩变形预测、充填工艺参数优化等方面也取得丰硕成果。但是,矸石充填沿空留巷理论还处于探索阶段,针对矸石充填沿空留巷的巷道围岩变形研究尚不完善,覆岩载荷传递机制尚不明确,巷旁支护体的材料和结构设计方法尚不成熟。

1.3 主要研究内容

本书针对我国深部大采高无煤柱开采难题,对综采矸石充填沿空留巷围岩变形机理及控制课题进行了系统研究,阐明了充填沿空留巷稳定性随充填区承载特性、顶板变形特征、巷旁支护结构等关键参数的演化规律,揭示了充填沿空留巷工作面矿压规律和围岩变形机理,提出了以刚-柔结合巷旁支护结构、充填区工艺参数设计、充填区侧向压力控制、底板局部加固支护设计等技术为核心的深部大采高充填沿空留巷围岩变形控制技术体系。主要研究内容如下:

(1)充填沿空留巷巷旁支护材料力学特性与适应性分析

采用实验的手段重点研究水灰比、骨料、龄期对矸石混凝土前期可缩性、中期增阻速度、后期抗压强度以及峰后承载能力的影响;结合综采矸石充填沿空留巷的矿压显现规律,探讨了矸石混凝土作为巷旁支护材料的适应性,为充填沿空留巷巷旁支护材料的设计提供依据。

(2)综采矸石充填沿空留巷围岩变形理论分析

建立深部大采高矸石充填综采沿空留巷力学模型,通过理论分析,对充填沿空留巷矿压规律和巷旁支护体稳定性进行系统研究:

① 基于弹性地基理论,构建充填沿空留巷顶板下沉量预测模型。通过关键参数分析,得到限制顶板变形量的主控因素。在此基础上,提出适用于深部大采高矸石充填沿空留巷巷旁支护结构。

② 建立充填区对巷旁支护体侧压力分析模型,得到充填区散体矸石的侧压力系数。通过对巷旁支护体的极限平衡状态分析,研究其回转和滑移失稳的临界条件。在巷旁支护体整体稳定的条件下,进一步探讨其变形问题。

③ 构建综采矸石充填沿空留巷底板力学分析模型,研究底板岩层力学特性、充填区散体压实、巷旁支护体的垂直支撑和实体煤的应力集中等因素对矸石充填沿空留巷底鼓变形的影响规律。在此基础上,提出底鼓控制方案设计原则。

(3)综采矸石充填沿空留巷围岩变形机理和巷旁支护参数分析

采用数值模拟的方法,对矸石充填沿空留巷的矿压显现规律和围岩变形机理进行系统研究,进一步揭示巷旁支护参数对矸石充填沿空留巷围岩稳定性的影响规律。通过破碎矸石蠕变本构关系的构建和细观力学参数的标定,探讨多软件耦合计算模型中充填沿空留巷围岩的时变规律。在此基础上,得到深部大采高充填沿空留巷巷旁支护体关键参数的优化设计方法。

(4)考虑水平推压效应的深部大采高充填沿空留巷物理模拟试验研究

运用自主设计的含有推压装置的相似模拟试验系统对充填沿空留巷的过程进行相似模拟试验。结合充填区散体压实过程的分区特征分析,研究水平推压力和巷旁支护结构对充填区承载特性、顶板运移规律和巷道收敛变形的影响规律,为深部大采高充填沿空留巷采空区充填工艺参数优化和巷旁支护设计提供指导。

(5) 深部大采高矸石充填综采沿空留巷工业性试验

本书以关键技术方案设计原则为依据,结合试验矿井的生产地质条件,对综采矸石充填沿空留巷技术进行工业性试验。通过技术方案的现场实施和相关指标的系统监测,对综采充填沿空留巷围岩控制效果进行合理评价,同时验证本书研究成果的合理性和实用性。

1.4　研究技术路线

本书综合运用实验室试验、理论分析、数值模拟、相似试验和现场监测等手段,对深部大采高矸石充填综采沿空留巷围岩变形机理及控制问题进行了深入研究,技术路线如图 1-3 所示。

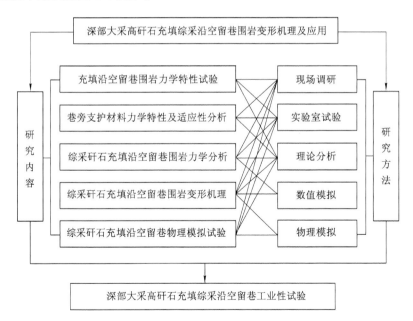

图 1-3　技术路线图

1.5　主要创新点

本书主要创新点如下：

（1）采用实验的手段，研究了水灰比、骨料、龄期对矸石混凝土可缩性、增阻速度、抗压强度以及峰后承载能力的影响；结合综采矸石充填沿空留巷的矿压显现规律，探讨了矸石混凝土作为巷旁支护材料的适应性。基于关键参数的试验分析，得到了矸石混凝土材料力学特性的调控方法。

（2）基于弹性力学、库仑土压力和弹性地基理论，构建了深部大采高综采充填沿空留巷顶板变形和巷旁支护体稳定性分析模型，推导了顶板下沉量预测公式，得到了巷旁支护体滑移和回转失稳判据。通过关键参数的影响分析，确定了充填区的承载特性是基本顶变形的主控因素，据此创新性地提出了适用于矸石充填沿空留巷的刚-柔结合巷旁支护结构。结合多软件耦合数值模拟方法，揭示了充填沿空留巷过程中矿压显现规律以及围岩变形和能量演化机制，为巷旁支护体参数优化设计提供依据。

（3）建立了复杂荷载条件下综采充填沿空留巷底板力学模型，求解得到了底板岩层应力场、位移场的解析表达式，揭示了底板主应力场和塑性区的分布规律。发现实体煤侧应力集中系数、巷旁支护体支护阻力等因素是通过改变巷道底板水平应力影响巷道底板的破坏特征。进一步从提高底板岩层力学特性、调整底板主应力、优化底板上部荷载等方面探讨了综采充填沿空留巷底鼓控制原则。

（4）运用自主研制的含有水平推压装置的物理模拟试验系统，首次开展了考虑充填区水平推压效应的综采充填沿空留巷相似模拟试验研究。揭示了水平推压力和巷旁支护体结构对充填区承载特性、顶板变形规律和巷道收敛变形的影响规律。阐明了充填区破碎矸石应力演化的阶段性特征（主动压实阶段、被动压实阶段和应力稳定阶段）。分析了各层位顶板回转变形的主导因素及控制原则，合理解释了巷旁支护体柔性垫层对充填沿空留巷围岩变形的控制机理。

2 充填沿空留巷围岩力学特性试验

为了掌握综采矸石充填沿空留巷的现场地质条件,首先需要对完整煤岩试样的物理力学特性和充填区破碎矸石材料压实、蠕变过程中的力学性质进行试验分析。试验结果可为相似试验模拟、数值模型建立、理论模型的求解提供必要依据,同时,为现场工业性试验方案的设计提供数据支持。

2.1 标准煤岩样力学特性试验

(1)试样制备

在试验区井下现场取样,钻取标准煤岩试样,尺寸为 $\phi 50 \ mm \times 100 \ mm$ 和 $\phi 50 \ mm \times 25 \ mm$ 两种,分别用于测试其单轴压缩强度、变围压三轴压缩强度、抗拉强度等力学指标。每组试验制作 3 块试样,试样的取芯、切割和打磨等过程严格按照煤炭行业标准《煤和岩石物理力学性质测定方法》进行。加工后的合格试样须满足:两端不平行度≤0.01 mm,两端直径偏差≤0.02 mm。试样加工过程和试样如图 2-1、图 2-2 所示。

图 2-1　示样加工过程示意图

(2)试验设备

本试验设备采用 MTS815 液压伺服试验机,试验机参数:轴向最大加载力为

图 2-2　部分标准煤样

4 600 kN。单轴试验中使用的引伸计横向量程为±4 mm,纵向量程为−2.5～+12.5 mm;三轴试验中使用的引伸计纵向量程为−2.5～+8 mm,试验设备如图 2-3(a)所示。

（3）试验加载及测试

单轴压缩试验过程中,试验机选用位移加载模式,控制加载速率为 $2×10^{-3}$ mm/s;三轴压缩试验过程中,设定三轴室内围压的加载速率为 2 MPa/min,轴向选用位移加载模式,设定峰前加载速率为 $2×10^{-3}$ mm/s,峰后加载速率为 0.1 mm/min。试验机控制及监测系统如图 2-3(b)所示。

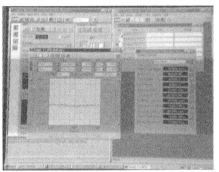

（a）MTS815试验机　　　　　　　（b）试验机控制及监测系统

图 2-3　MTS815 试验机及测试系统

2.1.1　单轴压缩试验

（1）煤（岩）样单轴压缩应力-应变曲线

图 2-4 为部分煤（岩）样单轴压缩应力-应变曲线。

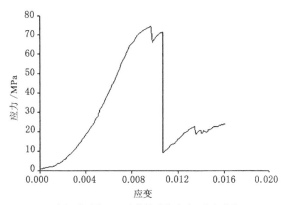

(a) 中砂岩（1-2）单轴试验应力－应变曲线

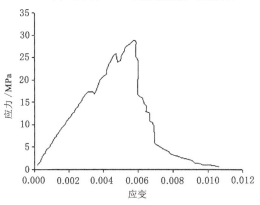

(b) 粉砂岩（2-3）单轴试验应力－应变曲线

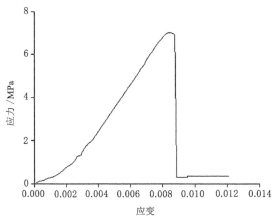

(c) 煤样（3-2）单轴试验应力－应变曲线

图 2-4　煤(岩)样单轴压缩试验应力-应变曲线

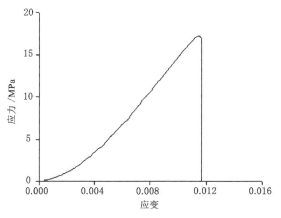

(d) 泥岩（4-1）单轴试验应力 - 应变曲线

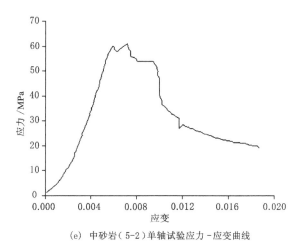

(e) 中砂岩（5-2）单轴试验应力 - 应变曲线

图 2-4（续）

（2）煤（岩）样单轴压缩力学特性

煤（岩）样单轴压缩强度可根据试验数据由式（2-1）求解得到：

$$\sigma_c = \frac{P}{A} \tag{2-1}$$

式中　σ_c——单轴试验测得的煤（岩）样抗压强度，MPa；

　　　P——试验中监测得到的最大破坏载荷，N；

　　　A——试样垂直于加载轴的横截面积，mm^2。

煤（岩）样单轴压缩试验结果见表 2-1。

表 2-1 煤岩样单轴压缩力学特性参数表

岩石名称(编号)	试样尺寸/mm		实验抗压强度/MPa	修正抗压强度/MPa	弹性模量/GPa	泊松比
	直径	高度				
中砂岩(1-1)	49.8	98.3	86.1	86.5	26.44	0.13
中砂岩(1-2)	49.8	97.8	72.0	72.3	28.82	0.15
中砂岩(1-3)	49.9	102.3	78.6	78.8	23.03	0.14
粉砂岩(2-1)	50.3	103.3	35.4	35.1	14.78	0.17
粉砂岩(2-2)	50.5	100.5	38.4	37.8	15.65	0.16
粉砂岩(2-3)	50.2	102.7	32.4	32.2	12.32	0.18
煤(3-1)	50.2	101.9	6.8	6.5	1.29	0.28
煤(3-2)	50.3	104.8	7.3	7.1	1.06	0.29
煤(3-3)	50.3	101.7	9.5	9.2	1.96	0.23
泥岩(4-1)	50.3	97.8	10.3	18.2	3.91	0.23
泥岩(4-2)	50.6	98.0	12.2	12.1	3.82	0.20
泥岩(4-3)	49.9	99.4	13.6	13.4	4.38	0.20
中砂岩(5-1)	50.6	100.5	58.0	57.1	24.25	0.12
中砂岩(5-2)	50.6	101.7	63.4	62.6	22.49	0.16
中砂岩(5-3)	48.5	99.3	68.3	70.1	20.46	0.15

从试验结果可以计算得出:顶板中砂岩单轴抗压强度平均值为 79.2 MPa, 弹性模量平均值为 26.1 GPa,泊松比平均值为 0.14;粉砂岩单轴抗压强度平均值为 35.0 MPa,弹性模量平均值为 14.3 GPa,泊松比平均值为 0.17;煤样单轴抗压强度平均值为 7.6 MPa,弹性模量平均值为 1.4 GPa,泊松比平均值为 0.27;底板泥岩单轴抗压强度平均值为 14.6 MPa,弹性模量平均值为 4.0 GPa,泊松比平均值为 0.21;中砂岩单轴抗压强度平均值为 63.3 MPa,弹性模量平均值为 22.4 GPa,泊松比平均值为 0.14。

2.1.2 三轴压缩试验

(1) 煤(岩)样三轴压缩应力-应变曲线(图 2-5)

(2) 煤(岩)样三轴压缩力学特性

煤(岩)样三轴压缩参数可根据试验数据由式(2-2)求解得到:

① 计算不同围压下的轴向应力值

$$\sigma_1 = \frac{P}{A} \tag{2-2}$$

式中 σ_1——最大主应力,MPa;

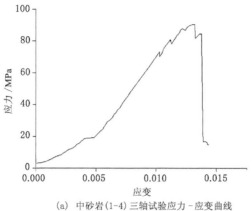

(a) 中砂岩(1-4)三轴试验应力－应变曲线

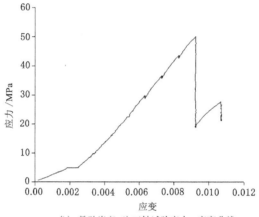

(b) 粉砂岩(2-6)三轴试验应力－应变曲线

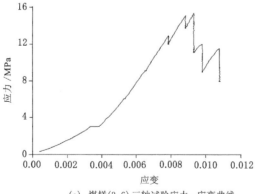

(c) 煤样(3-6)三轴试验应力－应变曲线

图 2-5　煤(岩)样三轴压缩应力-应变曲线

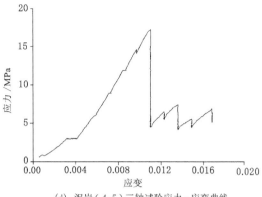

(d) 泥岩（4-5）三轴试验应力－应变曲线

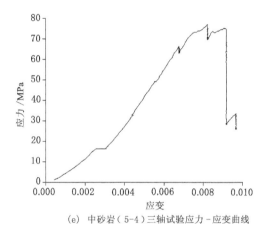

(e) 中砂岩（5-4）三轴试验应力－应变曲线

图 2-5(续)

　　P——轴向峰值荷载，N；

　　A——试样横截面积，mm^2。

　　② 计算煤(岩)样黏聚力 C 和内摩擦角 φ

　　在三轴压缩试验中，在一个围压水平(即最小主应力 σ'_3)条件下，逐渐增加轴向压力，直至破坏，得到最大主应力 σ'_1，绘制该围压条件下的莫尔应力圆；然后改变围压为 σ''_3，再施加轴向压力至破坏，得到 σ''_1，绘制该状态下莫尔应力圆。按照这种方法进行多组试验后，绘制多个莫尔应力圆的包络线得到煤(岩)样的抗剪强度曲线，如图 2-6 所示。

　　抗剪强度曲线为近似直线时，可以通过该直线的截距和其与水平方向的

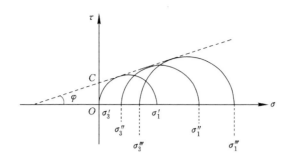

图 2-6　三轴试验莫尔圆和抗剪强度线

夹角得到煤(岩)样黏聚力 C 和内摩擦角 φ。煤(岩)样三轴压缩试验结果见表 2-2,计算值取至小数点后一位。

表 2-2　煤(岩)样单轴压缩试验力学特性参数表

围压/MPa	岩石名称(编号)	试样尺寸/mm		抗压强度 /MPa	黏聚力 C /MPa	内摩擦角 φ /(°)
		直径	高度			
4	中砂岩(1-4)	49.2	100.2	90.5	18.2	40
	中砂岩(1-5)	49.7	101.5	97.3		
	中砂岩(1-6)	49.3	101.2	94.8		
7	中砂岩(1-7)	48.7	101.4	110.1		
	中砂岩(1-8)	48.5	98.9	106.5		
	中砂岩(1-9)	49.2	101.7	112.9		
4	粉砂岩(2-4)	50.2	98.4	49.1	10.5	31
	粉砂岩(2-5)	50.6	98.9	42.8		
	粉砂岩(2-6)	50.1	101.6	50.2		
7	粉砂岩(2-7)	49.3	99.2	53.6		
	粉砂岩(2-8)	49.1	101.0	58.3		
	粉砂岩(2-9)	48.3	99.1	49.5		
4	煤(3-4)	50.3	101.1	18.2	2.9	18
	煤(3-5)	50.1	99.0	10.1		
	煤(3-6)	50.7	101.8	15.8		
7	煤(3-7)	50.1	98.6	21.1		
	煤(3-8)	50.1	100.1	17.6		
	煤(3-9)	49.1	100.6	18.3		

表 2-2(续)

围压/MPa	岩石名称(编号)	试样尺寸/mm		抗压强度/MPa	黏聚力 C/MPa	内摩擦角 φ/(°)
		直径	高度			
4	泥岩(4-4)	50.1	101.4	25.5	3.8	25
	泥岩(4-5)	50.2	100.9	17.2		
	泥岩(4-6)	49.7	98.3	19.6		
7	泥岩(4-7)	48.4	99.1	32.2		
	泥岩(4-8)	50.6	101.3	26.5		
	泥岩(4-9)	49.6	98.3	30.0		
4	中砂岩(5-4)	50.4	98.9	77.1	15.1	38
	中砂岩(5-5)	50.3	100.6	82.6		
	中砂岩(5-6)	48.9	100.2	70.1		
7	中砂岩(5-7)	49.2	99.6	92.1		
	中砂岩(5-8)	50.1	99.5	82.0		
	中砂岩(5-9)	50.1	100.7	98.8		

从表 2-2 中可以得出:在煤(岩)样三轴压缩试验中,对试样施加 4 MPa 围压时,顶板中砂岩三轴抗压强度平均值为 94.2 MPa,粉砂岩三轴抗压强度平均值为 47.4 MPa,煤样三轴抗压强度平均值为 14.7 MPa;底板泥岩三轴抗压强度平均值为 20.8 MPa,中砂岩三轴抗压强度为 76.6 MPa。对试样施加 7 MPa 围压时,顶板中砂岩三轴抗压强度平均值为 109.8 MPa,粉砂岩三轴抗压强度平均值为 53.8 MPa,煤样三轴抗压强度平均值为 19.0 MPa;底板泥岩三轴抗压强度平均值为 29.6 MPa,中砂岩三轴抗压强度为 91.0 MPa。由此计算得到各岩样的黏聚力 C 分别为 18.2 MPa、10.5 MPa、2.9 MPa、3.8 MPa、15.1 MPa;内摩擦角分别为 40°、31°、18°、25°、38°。

2.1.3　抗拉强度试验(巴西劈裂)

(1) 煤(岩)样巴西劈裂试验应力-应变曲线(图 2-7)

(2) 煤(岩)样巴西劈裂力学特性

按式(2-3)计算岩石的抗拉强度

$$\sigma_t = \frac{2P_t}{\pi D_s H_s} \tag{2-3}$$

式中　σ_t——岩石的抗拉强度,MPa;

P_t——试样破坏时的最大荷载,N;

D_s——试样直径,mm;

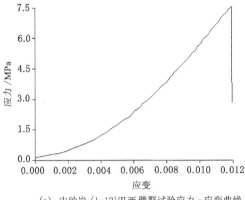

(a) 中砂岩 (1-12)巴西劈裂试验应力 - 应变曲线

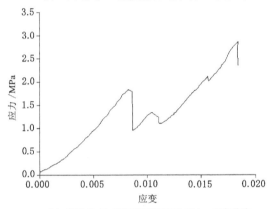

(b) 粉砂岩 (2-11)巴西劈裂试验应力 - 应变曲线

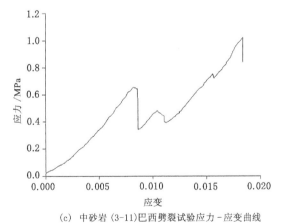

(c) 中砂岩 (3-11)巴西劈裂试验应力-应变曲线

图 2-7 煤(岩)样巴西劈裂试验应力-应变曲线

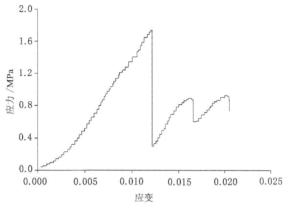

(d) 煤样 (4-12) 巴西劈裂试验应力 – 应变曲线

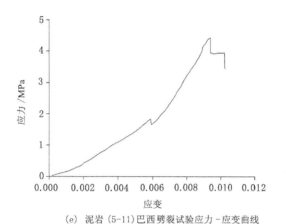

(e) 泥岩 (5-11) 巴西劈裂试验应力 – 应变曲线

图 2-7(续)

H_s——试样厚度，mm。

煤(岩)样抗拉强度试验参数及结果见表 2-3(计算值取至小数点后一位)。

表 2-3 煤(岩)样抗拉强度试验参数及结果

岩石名称(编号)	试样尺寸/mm		抗拉强度/MPa
	直径	高度	
中砂岩(1-10)	49.8	98.3	9.4
中砂岩(1-11)	49.8	97.8	6.0
中砂岩(1-12)	49.9	102.3	7.5

表 2-3(续)

岩石名称(编号)	试样尺寸/mm		抗拉强度/MPa
	直径	高度	
粉砂岩(2-10)	50.3	103.3	3.8
粉砂岩(2-11)	50.5	100.5	3.1
粉砂岩(2-12)	50.2	102.7	2.6
煤(3-10)	50.2	101.9	0.8
煤(3-11)	50.3	104.8	1.0
煤(3-12)	50.3	101.7	1.3
泥岩(4-10)	50.3	97.8	2.7
泥岩(4-11)	50.6	98.0	2.1
泥岩(4-12)	49.9	99.4	1.9
中砂岩(5-10)	50.6	100.5	5.1
中砂岩(5-11)	50.6	101.7	4.5
中砂岩(5-12)	48.5	99.3	5.4

从表 2-3 中可以得出：在煤(岩)样抗拉强度试验中，顶板中砂岩抗拉强度平均值为 7.6 MPa，粉砂岩抗拉强度平均值为 3.2 MPa，煤层抗拉强度平均值为 1.0 MPa；底板泥岩抗拉强度平均值为 2.2 MPa，中砂岩抗拉强度平均值为 5.0 MPa。

2.2 充填区破碎矸石的级配效应

为了分析采空区充填体的承载特性和顶板的下沉特征，首先需要对矸石充填物料压实过程中的力学特性进行系统研究。本节根据泰波理论，对连续级配矸石物料进行侧限压实试验，分析散体矸石物料应力-应变关系、压实度、变形模量随泰波系数的演化关系。试验结果将为充填沿空留巷顶板控制和采空区充填参数设计提供数据支撑。

2.2.1 试验方法和过程

试验方法和过程参照能源行业标准《固体充填材料压实特性测试方法》(NB/T 51019—2014)进行。散体压实容器由刚性桶和垫板组成，试验装置见图 2-8。试验刚性桶内径不小于固体充填物料最大直径的 3 倍，且不小于 250 mm，壁厚不小于 10 mm，材质符合《钢制压力容器》(YB 9073—2014)要求；垫板材质为不锈钢，厚度不小于 10 mm。

现场取样并进行初步破碎和筛分，然后引入泰波公式[161-165][式(2-4)]定量描述连续级配颗粒的粒径分布特征：

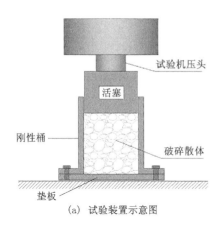
(a) 试验装置示意图

(b) 试验装置实物图

图 2-8　破碎矸石压实试验装置

$$P_x = 100 \left[\frac{d_g}{D_g} \right]^n \qquad (2\text{-}4)$$

式中　P_x——最大粒径为 d_g 的集料通过百分率,%;

　　　D_g——散体矸石的最大粒径,mm;

　　　d_g——散体矸石的当前粒径,mm;

　　　n——泰波系数。

　　分别对泰波系数为 0.2、0.3、0.4、0.5、0.6、0.7、0.8、0.9 的 8 组连续级配散体矸石进行压实试验,分析其力学特性。不同泰波系数条件下,连续级配散体矸石各粒径的质量分布情况见表 2-4。

表 2-4　连续级配散体矸石压实试验方案

编号	泰波系数 n	各粒径所占质量百分比/%				
		0~5 mm	5~10 mm	10~15 mm	15~20 mm	20~25 mm
N-2	0.2	73	11	7	5	4
N-3	0.3	62	14	10	8	6
N-4	0.4	52	17	12	10	9
N-5	0.5	44	19	14	12	11
N-6	0.6	37	20	16	14	13
N-7	0.7	33	20	17	16	14
N-8	0.8	28	21	18	17	16
N-9	0.9	24	20	19	19	18

（1）试样制备

采用筛余法制备试样，使用分级筛将破碎处理后的散体矸石集料进行筛分处理，首先将破碎矸石过 25 mm 筛，筛选出粒径范围为 0～25 mm 的散体料；再将筛选出来的破碎矸石过 20 mm 筛，则过筛剩余的矸石粒径范围为 20～25 mm，同时分选出粒径小于 20 mm 的破碎矸石；以此类推，最后将破碎矸石筛分成粒径范围分别为 0～5 mm、5～10 mm、10～15 mm、15～20 mm 和 20～25 mm 的 5 组集料，如图 2-9 所示。然后按照设计的泰波系数和表 2-4 所示的各粒径范围的矸石质量百分比制备目标试样。

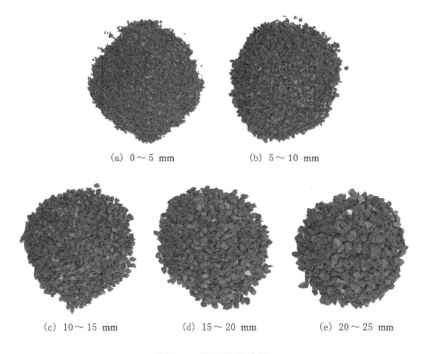

(a) 0～5 mm　　　　　(b) 5～10 mm

(c) 10～15 mm　　(d) 15～20 mm　　(e) 20～25 mm

图 2-9　矸石粒径分级

（2）试验步骤

首先组装压实装置，然后按照设计的试验方案装入掺和好的散体矸石。轻微晃动矸石数次至自然密实并达到压实桶内固定的装配高度，控制装料质量和高度不变。最后采用试验机对活塞加载至 6 MPa，由数据采集器自动采集数据。每组试验至少做 3 次，对试验得到的数据进行筛选并取平均值后做分析。

2.2.2　连续级配矸石压实特性

（1）连续级配矸石应力-应变关系

由图 2-10 可以看出,在连续级配矸石压实过程中,应变随着应力的增加而增加,应力与应变之间基本呈对数关系。泰波系数对连续级配矸石的压缩特性有较大的影响,在相同应力水平下,随着 n 的增大,试样的应变量呈现先减小后增大趋势:当 n 为 0.2～0.3 时,试样的应变量随着 n 的增大有减小的趋势;当 n 为 0.3～0.9 时,试样的应变量随着 n 的增大有增大的趋势。从应变量随泰波系数的变化规律来看,当 $n=0.3$ 时,散体矸石的压缩量最小。当 n 为 0.2～0.4 时,散体矸石试样的压缩量比较接近且都相对较小;$n=0.9$ 时,试样压缩变形量最大。主要由于大颗粒含量高的破碎矸石试样,其大颗粒间的空隙填充不充分,颗粒间的接触较少。在压实作用下,大颗粒间的接触点应力集中作用较为强烈,导致大颗粒搭建的骨架结构易破裂失稳,产生较大位移。随着活塞的下行,破碎的矸石颗粒发生重排,颗粒间的接触面增大、颗粒间的空隙得到更加充分地填充,在此作用下,试样的承载力得到提升。$n=0.5$ 到 $n=0.9$ 试样压缩变形量相接近,主要差别体现在加载后期;大颗粒含量较低的试样变形较小,破碎矸石间更容易填充密实。

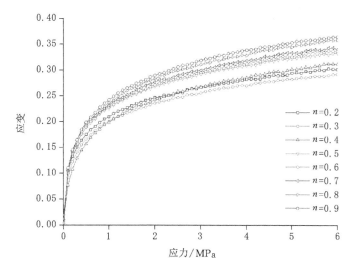

图 2-10 破碎矸石压实应力-应变曲线

从整个加载过程看:加载初期,应力小于 0.5 MPa 的阶段属于近似的初始线性阶段,该阶段破碎散体结构的抗压能力较弱,各粒径间空隙较大,应变的变化率较大;加载中期,应力为 0.5～2 MPa 的阶段,该阶段应力与应变近似为对数的非线性关系,随着应力的增加,散体颗粒间的空隙逐渐减小,颗粒破坏程度增加,应力-应变曲线呈现上凸型快速上升特点;加载后期,应力为 2～6 MPa 的阶段,该阶段为应变的缓慢增加阶段,其特点为应力增长较快,应变增长量较小,颗粒间的空隙基本密实。

连续级配散体矸石在压实试验后颗粒存在明显的破碎现象。压实试验后大粒径颗粒明显减少,而小粒径含量明显增加,破碎现象与 n 值有一定关系,总体表现为随着 n 值的增大,大颗粒的破碎现象越明显。

通过对连续级配破碎矸石的测试结果进行回归分析,得出回归方程见表 2-5。

表 2-5 连续级配破碎矸石的应力-应变关系

泰波系数 n	回归方程	相关系数(R^2)
0.2	$\varepsilon=0.208\ 9+0.052\ 2\ln(\sigma+0.023\ 2)$	0.998 1
0.3	$\varepsilon=0.198\ 6+0.051\ 8\ln(\sigma+0.027\ 7)$	0.997 2
0.4	$\varepsilon=0.197\ 7+0.064\ 8\ln(\sigma+0.060\ 5)$	0.999 3
0.5	$\varepsilon=0.226\ 3+0.060\ 2\ln(\sigma+0.020\ 7)$	0.999 0
0.6	$\varepsilon=0.235\ 0+0.062\ 6\ln(\sigma+0.029\ 7)$	0.998 4
0.7	$\varepsilon=0.228\ 8+0.063\ 4\ln(\sigma+0.031\ 9)$	0.998 9
0.8	$\varepsilon=0.234\ 4+0.069\ 3\ln(\sigma+0.043\ 9)$	0.998 7
0.9	$\varepsilon=0.237\ 6+0.068\ 5\ln(\sigma+0.032\ 3)$	0.998 6

通过回归分析可以得到:破碎矸石压实过程中,应力与应变之间呈对数关系,即:

$$\varepsilon=a_f+b_f\ln(\sigma+c_f) \tag{2-5}$$

式中 ε——级配矿渣轴向应变;

σ——轴向应力,MPa;

a_f,b_f,c_f——回归系数。

泰波系数不同,系数 a_f,b_f,c_f 也不同。从表 2-5 可以看出,连续级配破碎矸石的应力-应变拟合曲线和试验曲线相关性高(相关系数均在 0.99 以上)。

(2)连续级配破碎矸石刚度-荷载关系

散体材料的刚度系数是指使散体材料产生单位变形所需施加的外荷载大小。连续级配破碎矸石的应力-刚度曲线如图 2-11 所示。

由图 2-11 可以看出,破碎矸石在压实过程中,试样的刚度系数随轴力的增加而增加,二者之间近似呈线性关系。在相同轴力作用下,随着 n 的增大,试样的刚度系数先增加后减小:当 n 为 0.2~0.3 时,试样的刚度系数随着 n 的增大有增大的趋势;当 n 为 0.3~0.9 时,试样的刚度系数随着 n 的增大有减小的趋势。从刚度系数随泰波系数的变化规律来看,当 $n=0.3$ 时,散体矸石的刚度系

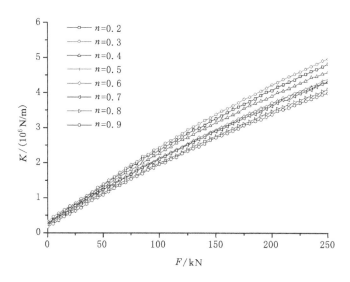

图 2-11　泰波系数对连续级配破碎矸石刚度-荷载影响

数最大。相同荷载条件下,泰波系数为 0.9 的破碎矸石试样刚度最小。随荷载的增大,试样颗粒间空隙越来越小,散体矸石在轴压的作用下越来越密实,刚度越来越高,抗变形能力增强,将合理级配的破碎矸石充填到采空区,能更好控制顶板下沉和地表沉陷。

由连续级配的破碎矸石压实试验结果可以看出:泰波系数对破碎矸石的压实特性有较大影响,泰波系数的改变可以影响破碎矸石的压缩量和刚度系数。相同应力作用下,泰波系数为 0.3 的连续级配散体矸石试样的压缩量最小,刚度系数最大,说明在该级配方案条件下,破碎矸石的抵抗变形能力最强,对顶板的控制效果最好。因此,可以确定破碎矸石的合理级配为 $n=0.3$。矿井出矸在初步破碎后能够得到控制最大粒径的连续级配矸石。通过筛余法对初步破碎后矸石的级配进行测定,并通过掺入一定量的特定粒径范围的矸石颗粒对集料进行改进,能够调整充填进入采空区的破碎矸石为最优级配。同时,通过破碎矸石力学特性的级配效应分析,能够为覆岩运移规律的预测和沿空留巷的力学分析提供必要支撑。

2.3　充填区散体矸石蠕变特性

随着工作面的推进,散体矸石充填进行后方采空区,同时在巷旁砌筑墙体进行沿空留巷。充填区破碎矸石在工作面后方一定距离以后进入压实阶段,该区域内的充填散体承受的顶板荷载基本稳定。然而,现场观测结果表明,该阶段的沿空留巷仍然会产生一定的缓慢收敛,同时基本顶出现少量的缓慢下沉。

现阶段国内外对于完整岩石、峰后破裂岩石和散体岩石的蠕变特性取得了丰硕成果[166-171]:郭臣业等[172]针对峰后破裂砂岩的蠕变特性进行了试验研究,并用改进的西原模型描述了峰后破裂砂岩的蠕变过程;姜永东等[173]通过完整砂岩试样的蠕变试验,分析了应力水平对岩石蠕变特性的影响。从已有的试验结果来看,峰前应力水平下完整砂岩蠕变产生的应变总量一般小于 0.1%,而破碎砂岩蠕变产生的应变总量可达到 2%。由此对比可以看出,在充填沿空留巷工程应用中,充填区破碎岩体的蠕变对充填区顶板变形规律和巷道围岩收敛的影响应予考虑。充填区矸石在顶板荷载稳定后产生蠕变变形,这一变形并不会直接对留巷的稳定性产生影响。但是,充填区的蠕变会导致基本顶在稳定阶段发生缓慢下沉,影响留巷基本顶的给定变形,进而对留巷的效果产生一定影响。因此,研究充填区破碎岩体的蠕变性质对工作面后方,尤其是稳定阶段留巷围岩变形规律的分析具有重要的支撑作用。

本节针对力的长期作用下连续级配散体矸石的变形特征问题,设计了泰波系数分别为 0.2、0.3、0.4、0.5、0.6 的 5 组矸石蠕变试验,试验测得完整的标准矸石试样单轴抗压强度为 10.86 MPa。试验采用刚性蠕变试验机和自制的破碎岩体蠕变试验装置。破碎矸石装料高度为 300 mm、钢筒内径 100 mm、壁厚 15 mm;试验使用的破碎矸石为自然含水状态。试验机利用丝杠系统提供荷载,如图 2-12 所示。

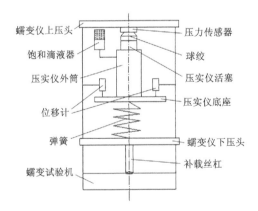

图 2-12　破碎岩体蠕变实验装置

加载初期采用位移控制方式,保持加载速度 0.1 mm/min,在应力达到 6 MPa后,保持荷载不变,测试其试样的蠕变特征。变形测试采用 FT81 位移传感器联合 LVDV-3 型数显仪。在整个蠕变试验过程中,尽量保证应力水平的稳定,测试破碎矸石试样应变-时间关系,并建立合理的蠕变本构模型表征其蠕变特征。试验结果如图 2-13 所示。

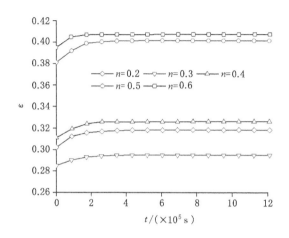

图 2-13　连续级配破碎矸石蠕变试验过程中应变-时间曲线

实验过程中,当加载应力值达到蠕变应力水平时,开始记录 ε-t 数据。从图 2-13 可以看出,破碎矸石试样在 $0 \sim 2 \times 10^5$ s 的阶段为主要的变形阶段,2×10^5 s 后应变基本稳定。从各曲线的累计蠕变量可以看出:在加载时间为 12×10^5 s 的最终状态时,泰波系数分别为 0.2、0.3、0.4、0.5、0.6 的连续级配破碎矸石试样的最终蠕变产生的应变量分别为 1.64％、0.39％、1.52％、2.04％、1.25％。对比可知,泰波系数为 0.3 的连续级配散体矸石试样蠕变量最小,采用指数衰减方程来拟合破碎矸石的蠕变过程曲线,可以较好地描述其蠕变过程。

通过对图 2-13 所示不同泰波级数连续级配破碎矸石试样 ε-t 关系分析,可以得到 ε-t 的一次指数衰减拟合方程通式:

$$\varepsilon = A_c \cdot \exp(-\frac{t}{B_c}) + C_c \tag{2-6}$$

式中　A_c,B_c,C_c——一次指数衰减拟合方程参数。

分别对不同泰波系数条件下的连续级配散体矸石蠕变曲线进行拟合处理,可以得到 ε-t 曲线的一次指数衰减拟合方程参数见表 2-6。

表 2-6 连续级配破碎矸石蠕变一次指数衰减拟合参数表

泰波系数 n	A_c	B_c	C_c
0.2	−0.016 2	9.244 6	0.318 3
0.3	−0.009 9	10.744 9	0.294 8
0.4	−0.016 2	9.403 2	0.326 2
0.5	−0.021 4	9.736 1	0.401 7
0.6	−0.014 0	4.972 7	0.407 3

虽然拟合方程可以较为准确地描述破碎矸石蠕变过程,但对其物理意义的解释并不明确,本节通过建立破碎矸石蠕变本构方程,从力学角度解释破碎矸石蠕变的性质和规律。从试验结果分析可知,破碎煤体在整个蠕变试验过程中,其任一时刻的应变主要包括两个部分,一是破碎岩体在受轴向压力作用下产生的瞬时应变,即 $t=0$ 时刻的初始应变;二是经过力的时间作用后所产生的应变。根据其曲线特征,可以发现破碎矸石试样在恒力作用下,存在长期的蠕变变形极限,该特征符合 Kelvin-Volgt 模型的基本特征。因此,选取 Kelvin-Volgt 模型表征破碎煤体的蠕变规律,揭示其本构关系。通过对建立的 Kelvin-Volgt 模型的相关性分析,并与以一次指数衰减拟合曲线进行相关性比较,分析 Kelvin-Volgt 模型描述破碎煤体蠕变本构关系的合理性。

广义 Kelvin-Volgt 模型蠕变本构模型如图 2-14 所示:

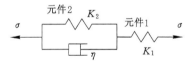

1—Hook 模型;2—Kelvin 模型。

图 2-14 Kelvin-Volgt 模型

设 σ_{c1} 和 σ_{c2} 分别为作用在元件 1 和元件 2 上的应力,在施加恒定荷载 σ 的条件下,有 $\sigma=\sigma_{c1}=\sigma_{c2}$,此时:

$$\varepsilon=\varepsilon_{c1}+\varepsilon_{c2}=\frac{\sigma}{K_1}+\frac{\sigma}{K_2}\left[1-\exp\left(-\frac{K_2}{\eta}t\right)\right] \qquad (2\text{-}7)$$

当 $t=0$ 时

$$\varepsilon_0=\varepsilon_{c1}=\frac{\sigma}{K_1} \qquad (2\text{-}8)$$

其中，ε_0 为瞬时变形，与时间无关，由 Hook 元件（元件 1）的应变体现。

当 $t \to \infty$ 时

$$\varepsilon_\infty = \frac{\sigma}{K_1} + \frac{\sigma}{K_2} \tag{2-9}$$

其中，ε_∞ 表示蠕变趋向于稳定时，散体矸石试样的应变量，为两个胡克体瞬时变形的和。

通过对破碎矸石蠕变试验过程中 ε-t 关系分析，可求解得到不同泰波系数的连续破碎矸石试样蠕变的本构方程参数，见表 2-7。

表 2-7　破碎矸石试样蠕变的 Kelvin-Volgt 模型参数表

泰波系数 n	K_1/MPa	K_2/MPa	η/MPa·s
0.2	19.867 5	366.516	3.19×10^7
0.3	21.052 6	612.245	6.30×10^7
0.4	19.292 6	395.122	4.32×10^7
0.5	15.739 8	293.478	3.37×10^7
0.6	15.189 9	482.143	2.70×10^7

以破碎矸石材料的蠕变性质为基础，结合 Kelvin-Volgt 模型特征，得到了不同泰波系数连续级配矸石的蠕变本构方程。通过与试验数据的相关性分析，对比一次指数衰减拟合曲线，进一步探讨 Kelvin-Volgt 模型的合理性和精确度。不同泰波系数连续级配破碎矸石的 Kelvin-Volgt 模型与一次指数衰减拟合曲线对比如图 2-15 所示。

在连续级配散体矸石蠕变试验数据的基础上，通过对 Kelvin-Volgt 蠕变本构模型曲线和一次指数衰减拟合曲线进行统计学相关性分析计算，得到其相关性系数见表 2-8。

表 2-8　Kelvin-Volgt 模型和一次指数衰减拟合曲线相关性系数比较

泰波系数 n	相关性系数	
	一次指数衰减拟合曲线	Kelvin-Volgt 蠕变模型
0.2	0.998 20	0.998 92
0.3	0.998 38	0.998 89
0.4	0.994 06	0.995 48
0.5	0.995 18	0.995 80
0.6	0.999 02	0.999 65

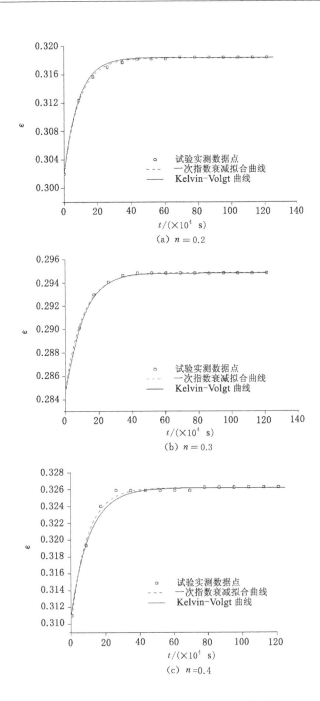

图 2-15　Kelvin-Volgt 模型与一次指数衰减拟合曲线对比

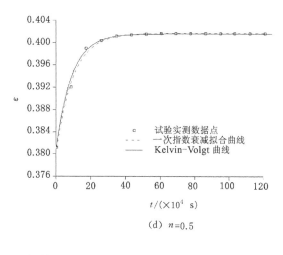

(d)　$n=0.5$

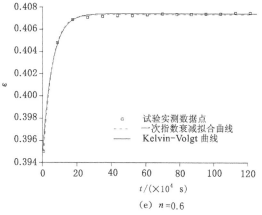

(e)　$n=0.6$

图 2-15(续)

　　由表 2-8 可以看出：利用 Kelvin-Volgt 蠕变模型来描述破碎矸石蠕变本构关系，所有连续级配方案的蠕变曲线相关性系数均达到 0.995 以上；且在不同泰波级数条件下，破碎矸石的 Kelvin-Volgt 蠕变模型与试验数据相关性系数均大于一次指数衰减拟合曲线，说明运用 Kelvin-Volgt 模型建立的破碎矸石蠕变本构方程与一次指数衰减拟合曲线相比更加精确，使用 Kelvin-Volgt 模型描述破碎矸石蠕变阶段的力学行为的方法是合理的，能够一定程度上从破碎矸石试样的力学特性的角度解释破碎矸石的蠕变过程。破碎矸石的蠕变性质分析对工作面后方稳定阶段留巷变形特征的研究具有重要的支撑作用。

2.4 本章小结

本章运用实验室试验的方法对完整煤岩试样、充填区破碎矸石的力学特性进行研究,得到了完整煤岩试样的关键力学参数以及连续级配破碎矸石的压实、蠕变力学特性,主要结论如下:

(1)泰波系数对连续级配破碎矸石的压实特性有较大影响,泰波系数的改变能够影响破碎矸石的压缩量和刚度系数。相同应力水平条件下,泰波系数为0.3 的连续级配散体矸石试样的压缩量最小,刚度系数最大,说明在该级配方案条件下,破碎矸石的抵抗变形能力最强,对顶板的控制效果最好。以此为依据,可以确定充填区破碎矸石的合理级配为 $n=0.3$。

(2)通过连续级配破碎矸石的蠕变试验,发现破碎岩体的蠕变过程具有明显的阶段性。相关性分析表明,Kelvin-Volgt 模型能够较为准确地表征破碎煤体的蠕变规律。

3 巷旁支护材料力学特性及适应性分析

由于顶板"大结构"和留巷支护原理的不同[174-179]，综采矸石充填沿空留巷对巷旁支护材料的要求，与垮落法管理顶板条件下的沿空留巷有着显著区别。因此，开发一种能够适应充填沿空留巷过程中矿压规律的安全、经济的巷旁支护材料已成为矸石回填沿空留巷技术成功的关键。本章采用实验室试验的手段重点研究水灰比、骨料和龄期对矸石混凝土前期可缩性、中期增阻速度、后期抗压强度以及峰后承载能力的影响，结合综采矸石充填沿空留巷的矿压显现规律，探讨矸石混凝土作为巷旁支护材料的适应性，为充填沿空留巷巷旁支护材料的设计提供依据。

3.1 试验方法与方案设计

3.1.1 试验材料

试验选用水泥熟料（PC. 32.5），骨料采用粒径 0～25 mm 散体矸石。从沿空留巷工程的经济性、合理性考虑，直接从试验矿区现场获取矸石，如图 3-1(a)所示。为了合理地解释矸石混凝土的强度演化规律，首先对骨料的力学特性和粒径分布进行测定，如图 3-1(b)(c)所示。

（1）破碎矸石的粒径分布特征

现场初步破碎后的矸石颗粒是连续级配的散体材料，分析结果表明：骨料基本满足泰波系数 $n=0.6$ 的连续级配分布特征，矸石集料粒径分布特征与 $n=0.6$ 的粒径分布特征对比如图 3-1(b)所示。

（2）完整矸石试样的力学特性

为了得到矸石骨料的强度特征，进而分析骨料和胶结料的协调作用机制，先对多块完整矸石试样（ϕ50 mm×100 mm）进行单轴压缩试验，如图 3-1(c)所示，测试完整矸石岩样的平均单轴抗压强度，实验结果见表 3-1。

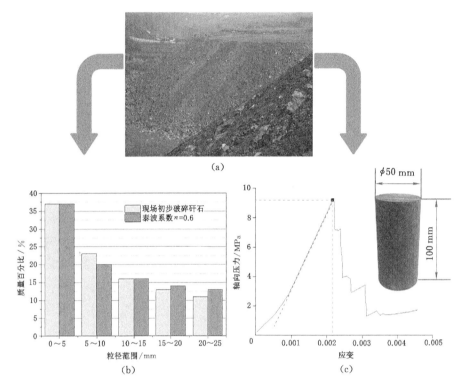

图 3-1　矿区散体矸石强度和粒径分布

表 3-1　标准圆柱形矸石试样单轴压缩试验结果

岩石名称(编号)	试样尺寸/mm		抗压强度 /MPa	弹性模量 /GPa	泊松比
	直径	高度			
矸石(G-01)	49.8	98.3	9.17	5.11	0.21
矸石(G-02)	49.8	97.7	10.33	4.32	0.26
矸石(G-03)	49.9	102.3	12.48	6.53	0.20
矸石(G-04)	49.8	101.7	11.82	4.83	0.22
矸石(G-05)	49.9	98.6	10.52	5.08	0.22

　　由表 3-1 中的标准岩样单轴压缩试验结果可知:现场所取矸石的标准试样平均抗压强度为 10.86 MPa。如图 3-1(c)所示,矸石单轴压缩特性曲线表明:矸石本身具有一定的峰后承载能力;破坏过程中出现多条剪切裂隙,说明矸石在露天环境下堆积,经过长期的风化、浸蚀作用,其原生裂隙较发育;散体矸石骨料的

强度比一般混凝土骨料低。

3.1.2 试验系统与试样制备

　　按照混凝土试样成型与养护标准制作试样,试样设计尺寸为 150 mm×150 mm×150 mm。为保证数据的可靠性,相同配比、龄期的试样各制作 3 块。本试验使用 MTS816 试验系统(图 3-2),其具有精确、灵敏度高等特点。

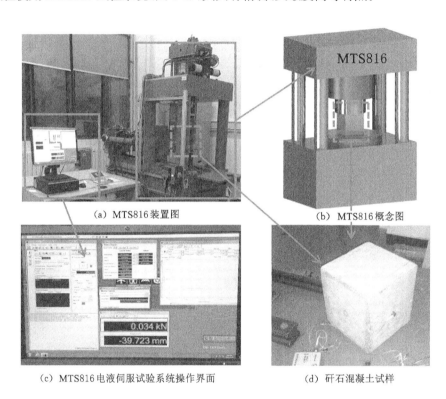

(a) MTS816装置图　　　　　　　(b) MTS816概念图

(c) MTS816电液伺服试验系统操作界面　　　(d) 矸石混凝土试样

图 3-2　试验系统与成型试样

3.1.3 试验方案设计

　　Walker 等人[180-181]研究发现混凝土的强度主要是由以下因素决定的:① 水泥基体的强度;② 砂浆和粗骨料的黏结强度;③ 粗骨料的强度、刚度、级配;④ 骨料颗粒的最大尺寸。本试验在确定了现场粗骨料的强度、刚度、级配和颗粒最大尺寸的基础上,采用正交试验设计方法(表 3-2),对每一组矸石混凝土设计相同水灰比的纯水泥(无骨料)试样作为对比,主要考虑以下几个因素对矸石混凝土特性的影响:

（1）水灰比

水灰比是影响胶结料强度的重要因素,本次试验考虑水灰比为 0.40、0.43、0.46、0.50、0.55 和 0.60 六种情况。

（2）骨料含量

考虑四种骨料含量,分别为 45%、50%、55% 和 60 %。

（3）养护龄期

对于每种水灰比和矸石含量条件下的矸石混凝土试样和纯水泥试样,考虑 7 d、14 d 和 28 d 三个龄期水平,研究矸石混凝土在不同硬化阶段的抗压特性演化规律。

表 3-2　矸石混凝土试样配比（质量比）

试样编号	矸石含量/%	水灰比 w/L	水含量/%	水泥含量/%	龄期/d
1		0.40	14.29	35.71	
2		0.43	15.03	34.97	
3	0	0.46	15.75	34.25	
4		0.50	16.67	33.33	
5		0.55	17.74	32.26	
6		0.60	18.75	31.25	
7		0.40	14.29	35.71	
8		0.43	15.03	34.97	7、14、28
9	50	0.46	15.75	34.25	
10		0.50	16.67	33.33	
11		0.55	17.74	32.26	
12		0.60	18.75	31.25	
13	45		14.29	35.71	
14	55	0.40	14.29	35.71	
15	60		14.29	35.71	

3.1.3　试验结果

矸石混凝土单轴压缩试验过程中记录其应力-应变曲线,统计其主要力学参数,分析水灰比、骨料含量和养护龄期对矸石混凝土力学性能的影响。矸石混凝土力学特性试验数据见表 3-3 和表 3-4。

表 3-3 矸石混凝土试样龄期抗压强度数据表

矸石含量/%	水灰比 w/c	7 d 龄期试样抗压强度/MPa				14 d 龄期试样抗压强度/MPa				28 d 龄期试样抗压强度/MPa			
		试样 01	试样 02	试样 03	平均值	试样 01	试样 02	试样 03	平均值	试样 01	试样 02	试样 03	平均值
0	0.40	10.72	11.17	11.54	11.14	12.60	11.89	12.61	12.37	15.42	12.44	15.79	14.55
	0.43	10.19	11.70	9.93	10.61	11.20	11.52	11.68	11.47	14.31	12.31	14.36	13.66
	0.46	9.50	8.86	9.66	9.34	10.63	10.60	—	10.62	11.37	11.55	11.72	11.55
	0.50	7.53	7.19	7.87	7.53	8.53	8.69	8.59	8.60	9.66	9.85	10.51	10.01
	0.55	5.00	4.14	4.98	4.70	6.90	6.41	6.41	6.57	7.84	8.94	—	8.39
	0.60	3.89	3.23	3.23	3.45	4.28	5.58	4.76	4.87	7.65	7.02	7.41	7.36
50	0.40	8.23	8.32	7.75	8.10	9.69	9.92	9.79	9.80	10.72	10.92	10.76	9.80
	0.43	7.83	7.54	7.90	7.76	9.35	9.44	9.51	9.43	10.31	9.80	9.93	9.01
	0.46	6.86	6.09	7.51	6.82	8.83	9.47	9.35	9.21	10.07	9.82	10.67	10.18
	0.50	5.55	5.36	4.84	5.25	8.41	8.28	8.38	8.35	8.50	8.94	8.05	8.33
	0.55	4.32	3.96	4.66	4.31	5.98	6.29	5.72	6.00	7.11	6.94	7.08	7.04
	0.60	3.28	3.00	3.09	3.12	4.26	4.30	4.77	4.44	5.30	5.12	4.49	4.97
45	0.40	8.46	7.91	7.95	8.11	10.65	11.68	11.54	11.29	12.06	11.96	10.45	11.49
50		8.23	8.32	7.75	8.10	9.69	9.92	9.79	9.80	10.72	10.92	10.76	10.80
55		7.76	7.57	8.03	7.79	9.76	8.83	8.74	9.11	11.17	11.56	12.22	11.65
60		8.96	7.70	8.84	8.50	9.81	9.82	10.20	9.94	11.43	11.17	11.49	11.36

表 3-4 矸石混凝土试样龄期弹性模量数据表

矸石含量/%	水灰比 w/c	7 d 龄期试样弹性模量/MPa				14 d 龄期试样弹性模量/MPa				28 d 龄期试样弹性模量/MPa			
		试样 01	试样 02	试样 03	平均值	试样 01	试样 02	试样 03	平均值	试样 01	试样 02	试样 03	平均值
0	0.40	455.78	462.42	457.00	458.40	459.15	456.00	450.61	455.25	477.32	460.03	482.09	473.14
	0.43	431.90	434.65	445.69	437.41	436.01	453.81	474.91	454.91	481.11	446.39	496.38	474.63
	0.46	445.92	458.80	446.75	450.49	464.01	454.43	442.79	453.74	486.64	435.62	436.86	453.04
	0.50	428.73	302.08	434.70	388.50	392.19	422.58	364.84	393.20	411.80	426.08	463.10	433.66
	0.55	338.77	320.21	358.49	339.16	358.60	358.46	388.77	368.61	395.76	393.86	396.00	395.21
	0.60	320.50	284.71	306.17	303.79	363.90	344.14	364.17	357.39	399.93	378.93	390.95	389.94
50	0.40	420.00	408.00	418.00	415.33	456.00	428.00	479.00	454.33	445.73	463.38	467.19	458.77
	0.43	388.26	388.75	413.57	396.86	408.86	411.05	432.47	417.46	427.17	436.19	450.48	437.95
	0.46	411.91	414.09	402.50	409.50	401.41	434.38	408.05	414.61	416.39	390.81	455.32	420.84
	0.50	373.49	379.00	356.00	369.50	421.66	407.35	401.51	410.17	451.38	400.39	390.60	414.12
	0.55	365.01	327.20	337.37	343.20	364.46	371.11	379.22	371.59	382.04	386.06	411.73	393.28
	0.60	243.00	302.00	272.57	272.52	308.26	322.45	313.00	314.57	365.00	333.59	393.39	363.99
45	0.40	409.21	437.96	406.23	417.80	449.07	464.79	469.07	460.98	431.45	479.48	520.40	477.11
50		420.00	408.00	418.00	415.33	456.00	428.00	479.00	454.33	445.73	463.38	467.19	458.77
55		395.02	408.53	438.69	414.08	457.32	418.69	440.87	438.96	467.00	473.29	461.89	467.39
60		412.12	371.42	448.84	410.79	453.00	433.75	478.62	455.12	471.00	442.00	468.00	460.33

3.2　巷旁支护材料设计原则

对于不同的工程地质条件,安全合理的巷旁支护材料的配比方案需考虑以下几点原则:

(1) 材料各个龄期的强度大于其所在工作面位置的顶板荷载。评价巷旁支护体稳定性的标准是在整个顶板活动引起的加卸载过程中,巷旁支护体是否发生材料的破坏。

(2) 可缩量要大于实测的基本顶的给定变形。适应基本顶的给定变形可以充分发挥围岩自身的承载力,降低顶板对巷旁支护体的荷载。这是保证巷旁支护体稳定性的有效手段。

(3) 峰后变形不发生突变。这意味着即使巷旁局部出现了高应力,该材料也能保证巷旁支护体不出现冲击性的整体破坏。对于局部缓慢破坏现象可以通过加固的手段进行修复,保证巷旁支护体的安全性。

3.3　水灰比对矸石混凝土力学性能的影响

由 1～6 组的矸石混凝土试样的单轴压缩试验可以得到不同水灰比条件下 50%矸石含量的混凝土平均抗压强度和误差,如图 3-3 所示。随着胶结料水灰比的增加,矸石混凝土的抗压强度呈现非线性的降低趋势。当水灰比大于 0.46 且小于 0.60 时,矸石混凝土的强度对水灰比较为敏感。当水灰比小于 0.46 时,降低水灰比对矸石混凝土后期的抗压强度影响较小。在水灰比的敏感区间内,矸石混凝土的 28 d 龄期的抗压强度可调范围为 4.97～10.18 MPa。

由 7～12 组纯水泥试样的单轴压缩试验可以得到不同水灰比条件下胶结材料的平均抗压强度和误差,如图 3-4 所示。由于水灰比的增加会在水泥硬化过程中增加材料中的游离水,纯水泥试样的平均抗压强度随水灰比的增加出现单调减小的趋势。

对比图 3-3、图 3-4 可以认为:矸石混凝土的抗压强度由骨料、胶结料以及二者的黏结面共同决定。三者中强度较小的部分首先产生损伤和破坏从而导致混凝土试样的整体失稳。由于矸石颗粒吸水性较强,降低了矸石颗粒表面胶结材料水灰比,提高了矸石骨料表面水泥石的强度;同时因为矸石颗粒表面粗糙且具有微孔,增加了矸石与胶结料的黏结面,提高了矸石与胶结材料之间的黏结力。

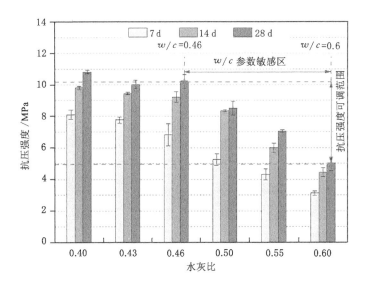

图 3-3 不同水灰比条件下 50％矸石含量混凝土平均抗压强度和误差

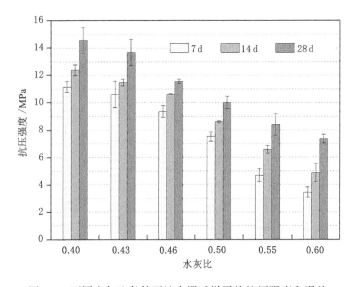

图 3-4 不同水灰比条件下纯水泥试样平均抗压强度和误差

因此,矸石混凝土的骨料和水泥浆的界面黏结强度高于普通混凝土。水灰比在
0.46～0.60 的范围内,矸石混凝土中胶结材料的强度低于骨料强度,因此胶结料
的强度决定了矸石混凝土的整体强度。水灰比的改变对矸石混凝土的强度影响

较大,当水灰比在 0.40～0.46 范围内,胶结料的强度大于骨料强度,加载过程中垂直应力大于 10 MPa 后,骨料内部产生破坏,最终导致试样整体失稳。因此,在此范围内提高胶结料的强度对矸石混凝土强度的增加效果并不明显。

因此,在本试验所涉及的水灰比范围内,从充分发挥骨料和胶结料强度协调性的角度出发,可以认为:改变矸石混凝土强度的水灰比敏感区间为 0.46～0.60。在充填沿空留巷工程应用中,在掌握顶板载荷规律的基础上,结合矸石自身的强度特征,在敏感区间内调整胶结料的水灰比,在满足巷旁支撑载荷要求的同时充分发挥散体矸石自身的承载能力。

3.4　骨料对矸石混凝土力学性能的影响

由第 1、13、14、15 组矸石混凝土试样的单轴压缩试验可以得到不同矸石含量条件下混凝土的平均抗压强度,如图 3-5 所示。由图中可以看出:在矸石含量为 45％～60％的范围内,矸石混凝土的 28 d 龄期强度达到 10.8～11.6 MPa。由于散体矸石自身裂隙较多,导致煤矸石骨料的强度低于完整矸石试样。但是,由于矸石骨料表面粗糙且具有较强的吸水性,在与胶结材料混合搅拌后,能够降低矸石表面胶结材料的水灰比,提高水泥包裹矸石颗粒的整体强度。同时,包裹后的矸石颗粒,其横向变形受到一定约束,使得矸石骨料处于三向受力状态,提高了矸石混凝土材料的整体抗压强度。因此,矸石混凝土试样的单轴抗压强度高于完整矸石试样。同时,骨料自身的破坏是导致混凝土整体破坏的关键因素。

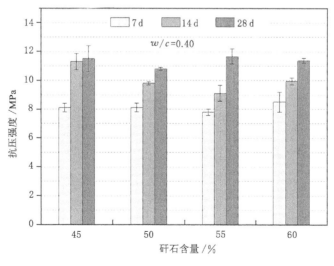

图 3-5　不同矸石含量混凝土各龄期强度

在水灰比为 0.40 的条件下,矸石含量的增加对混凝土强度的影响较小。因此,可以推断:在水灰比和骨料强度不变的情况下,矸石含量在一定范围内不是影响矸石混凝土强度的显著因素。但是,通过对比第 7 和 15 组试样的单轴压缩特性(图 3-6)可以看出:煤矸石作为骨料对混凝土的破坏形式和峰后承载特性有重要影响。

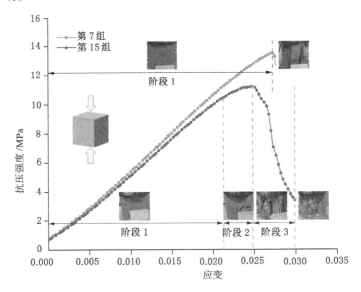

图 3-6　相同水灰比矸石混凝土与纯水泥试样破坏特征

如图 3-6 所示,矸石混凝土的整个压缩过程按照破坏特征可以划分为 3 个阶段:阶段 1 为弹性阶段,在初期压密后应力-应变保持线性关系,弹性模量保持不变,该阶段矸石混凝土表面没有出现明显裂纹。阶段 2 为刚度衰减阶段,该阶段从应力-应变出现非线性增长特性开始,到应力峰值为止。随着应变量的增加,试样刚度持续降低,但应力仍处于增长阶段,该阶段试样表面开始出现细小裂纹,并逐渐演化为局部表面的剥落。阶段 3 为峰后阶段,随着应变的增加,应力呈现降低趋势,裂纹发育过程相对缓慢,直到最后试样由于变形过大而被破坏,具有一定的峰后承载能力。该特性能够适应巷旁支护体的大变形要求,可以实现内部弹性能的缓慢释放,避免了由巷旁支护体内部弹性能的突然释放带来的冲击破坏。相同水灰比的无骨料试样的破坏特征表现为:在整个压缩过程中仅呈现出阶段 1 的特征(弹性阶段),一旦达到强度极限,试样就会发生脆性破坏。破坏形式以张拉劈裂破坏为主,破坏程度较大,具有一定冲击性,峰后承载能力差、可缩量很小。显然,在沿空留巷的工程实践中,从安全与经济的角度考虑,掺入一定比例骨料的矸石混凝土材料具有明显优势。

3.5 龄期对矸石混凝土力学性能的影响

3.5.1 龄期对矸石混凝土强度的影响

通过第 1～6 组矸石混凝土的单轴压缩试验,得到矸石含量为 50% 的条件下,不同水灰比的矸石混凝土各龄期的强度极限,如图 3-7 所示。每一种水灰比的矸石混凝土抗压强度均表现出随龄期的增加而增大的特性。煤矸石水泥拌水后,钙质材料先进行水化作用产生 $Ca(OH)_2$,然后与煤矸石中活性 SiO_2 和 Al_2O_3 进行二次反应,形成稳定的、不溶于水的水化硅酸钙和水化铝酸钙凝胶。二次水化产物交叉、联生、相互充填,使水化产物的孔隙率减少,后期强度不断增加。

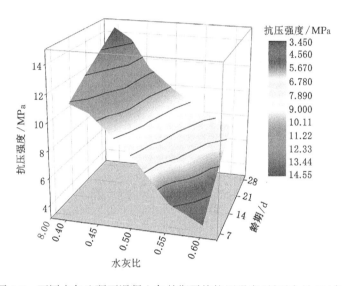

图 3-7 不同水灰比矸石混凝土各龄期平均抗压强度(矸石含量 50%)

现场实测结果表明,综采充填沿空留巷工作面在回填后 28 d 时已经处于稳定期,巷旁支护体的工作荷载基本稳定。因此我们在研究龄期对矸石混凝土的强度影响规律时,一方面需要确定矸石混凝土的 28 d 龄期抗压强度是否能够满足稳定期的工作荷载要求,另一方面需要分析其早龄期抗压强度的发育程度能否满足留巷过程中的采动压力要求。本书用试样的早龄期强度(7 d 和 14 d)与28 d 龄期强度的百分比来表示其抗压强度发育的程度:

$$f_{7d} = \frac{s_{7d}}{s_{28d}} \times 100\% \qquad (3\text{-}1)$$

$$f_{14d} = \frac{s_{14d}}{s_{28d}} \times 100\% \qquad (3\text{-}2)$$

其中，f_{7d} 和 f_{14d} 分别表示 7 d 和 14 d 龄期混凝土的强度发育程度，%；s_{7d}、s_{14d} 和 s_{28d} 分别表示 7 d、14 d 和 28 d 龄期混凝土的抗压强度，MPa。

表 3-5 为不同水灰和不同矸石含量的混凝土的早龄期抗压强度发育情况。在水灰比为 0.40～0.60 的范围内，矸石含量为 50% 的混凝土试样的 f_{14d} 平均值要明显高于纯水泥试样，分别为 91.37% 和 81.90%；二者的 f_{7d} 平均值基本相同，分别为 67.56% 和 68.89%。结合图 3-3、图 3-4 可以看出，矸石混凝土在 14 d 龄期时已经基本达到其后期强度，14 d 龄期后的强度增长量很小，说明加入矸石骨料后混凝土的水化、硬化过程明显加快。

表 3-5　不同水灰比和矸石含量的早龄期矸石混凝土抗压强度发育程度

水灰比	f_{7d}/%		f_{14d}/%	
	无矸石	矸石含量 50%	无矸石	矸石含量 50%
0.40	76.60	75.00	85.01	90.74
0.43	77.64	77.49	83.93	94.23
0.46	80.89	66.95	91.96	90.48
0.50	75.27	61.81	85.94	98.32
0.55	56.05	61.24	78.32	85.15
0.60	46.89	62.86	66.24	89.40
平均值	68.89	67.56	81.90	91.37

在一般的沿空留巷条件下，由于采空区未采取充填措施，需要在巷旁支护初期实现切顶。现场实测结果表明，切顶阻力一般要求 3～6 MPa，因此对巷旁支护材料的早期强度要求较高。在切顶过程中，若巷旁支护材料强度过低，会导致巷旁支撑不足，顶板变形过大，严重时导致顶板沿实体煤帮破断，造成事故。在综采矸石充填沿空留巷的条件下，由于充填区的支撑作用，采空侧顶板下沉量比一般条件下的沿空留巷小，并且在这种连续支撑作用下，顶板整体只会产生一定程度的弯曲下沉，无明显来压现象。因此，巷旁支护体在留巷初期并不作为顶板荷载的主要承载体，对巷旁支护体早龄期抗压强度的要求比切顶沿空留巷时小。由图 3-3 可以看出：各配比矸石混凝土材料的早龄期平均抗压强度达到 3.1～8.1 MPa，已大于切顶阻力。因此，材料抗压强度已基本满足前期竖向承载的

要求。

密实充填沿空留巷需要解决巷旁支护体在承受采空区充填散体侧向压力的情况下自身结构稳定的问题。因此,为了保证巷旁支护体不发生向巷道内侧的滑移和回转失稳,需要求其承受合理范围的设计荷载。已有实践结果表明:从工作面向后方充填区的竖直应力逐渐增大,在工作面后方 30~50 m 基本达到稳定(如图 3-8 所示),散体材料对巷旁支护体的侧压力也基本符合这一趋势。主要是由于在散体材料自身性质一定的情况下,其侧压系数不随竖直应力改变。因此,矸石混凝土作为巷旁支护材料,一方面需要具有足够的抗压强度来承受一定的竖向荷载,防止自身在充填区散体侧压力的作用下发生滑移和侧翻,影响留巷的安全使用;另一方面在前期充填区竖向支撑不足时,能够具有一定的可缩性来适应前期端头区域(A 区域)顶板的"给定变形"。在工程实践中,可根据以上原则,结合巷旁支护体宽度、宽高比、采空侧表面坡角等参数经济、合理地选择强度配比。

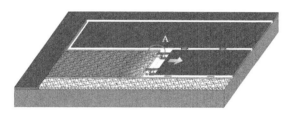

图 3-8　充填区竖直应力分布示意图

3.5.2　龄期对矸石混凝土可缩性的影响

由图 3-9 所示的矸石混凝土各龄期平均弹性模量和误差可以看出:7 d 龄期的矸石混凝土刚度明显低于 14 d。由于水泥的水化作用是与龄期相关的过程,在龄期达到 14 d 以前,弹性模量随时间的增加趋势较为明显,当龄期大于 14 d 时,弹性模量趋于稳定。这种性质可以适应综采矸石充填沿空留巷作业中顶板的早期变形。由于巷旁支护属于一种被动支护,且顶板会产生一定的给定变形,在一般沿空留巷条件下,巷道在工作面前方 20 m 阶段和充填巷旁支护至工作面后方 80 m 阶段的顶底移近量占整个围岩变形总量的 80%[182]。而在采空区充填的作用下,顶板下沉主要集中在工作面后方 30 m 的范围内。因此在龄期 0~14 d 的阶段对巷旁支护可缩性要求较高,而在后期稳定阶段和二次回采过程中,要求巷旁支护的抗压强度相对较高。留巷初期通过巷旁支护的适当下缩让压,可适应综采矸石充填沿空留巷顶板的给定变形,充分发挥充填采空区和围岩自身的承载能力;矸石混凝土后期强度大、弹性模量大的特点也能够满足综采矸石充填沿空留巷在二次采动过程中对巷旁支护强度的要求。

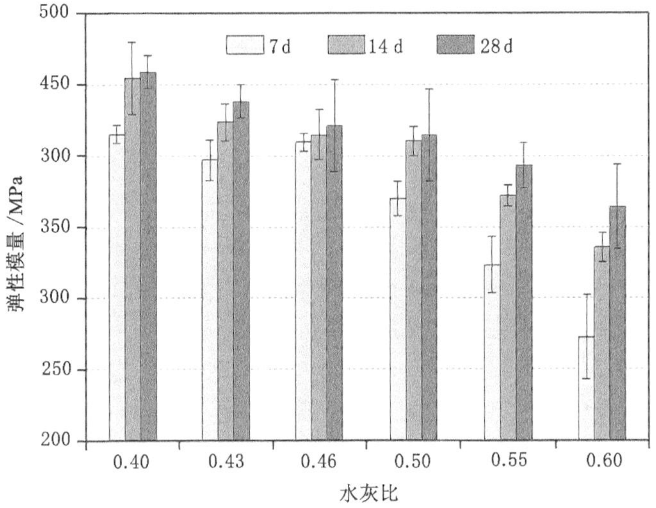

图 3-9　矸石混凝土各龄期平均弹性模量和误差

3.6　本章小结

本章采用实验的手段重点研究水灰比、骨料和龄期对矸石混凝土前期可缩性、中期增阻速度、后期抗压强度以及峰后承载能力的影响。结合综采矸石充填沿空留巷的矿压规律,探讨了矸石混凝土作为巷旁支护材料的适应性,为充填沿空留巷巷旁支护材料的设计提供依据。研究主要结论如下:

(1) 调节矸石混凝土强度最有效的方式是改变胶结材料的水灰比。对于固定的矸石含量,随着胶结料水灰比的增加,矸石混凝土的强度呈现非线性的降低趋势。水灰比在 0.46～0.60 的范围内,其对矸石混凝土强度的调控作用最为显著。在水灰比的敏感区间内,矸石混凝土的 28 d 龄期强度可调范围为 4.97～10.18 MPa。结合矸石自身的强度特征,在敏感区间内调整胶结料的水灰比,可在满足巷旁支撑荷载要求的同时,充分发挥散体矸石骨料的承载能力。

(2) 在混凝土中掺入一定量的煤矸石作为骨料,对其破坏形式和峰后承载特性有重要影响。矸石混凝土在峰后阶段,随着应变的增加,应力呈现降低趋势,裂纹发育过程相对缓慢,具有一定的峰后承载能力。该特性能够适应巷旁支护体的大变形要求,可以实现内部弹性能的缓慢释放,避免由巷旁支护体内部弹性能的瞬间释放带来的冲击破坏。然而,对于固定水灰比为 0.40 的情况,矸石含量在 45%～60%之间的改变对混凝土强度的影响较小。

（3）每一种水灰比的矸石混凝土的抗压强度均表现出随龄期的增加而增大的特性。加入矸石骨料后混凝土的水化、硬化过程明显加快。矸石混凝土在 14 d 龄期时,刚度和强度基本达到稳定。矸石混凝土早期的高可缩性有利于巷旁支护体适应综采矸石充填沿空留巷初期顶板的"给定变形",后期的高强度、高刚度和峰后承载能力能够满足综采矸石充填沿空留巷在二次采动过程中对巷旁支护强度的要求。

4 综采矸石充填沿空留巷围岩力学分析

与传统垮落法管理顶板的沿空留巷方法相比,深部大采高充填沿空留巷由于充填区的支撑作用,在顶板的回转、破断规律、巷旁支护体的承载特征以及荷载向底板方向的传递等方面均有明显区别。而现阶段针对充填沿空留巷矿压规律和巷旁支护体稳定性等方面的理论研究比较欠缺。基于此,本章分别建立适用充填沿空留巷的顶板、底板和巷旁支护体的力学模型,揭示多因素影响下充填沿空留巷底板变形机理,识别充填沿空留巷顶板回转支撑结构,得到巷旁支护体变形规律,提出其回转和滑移失稳判据。

4.1 矸石充填沿空留巷顶板运移规律

充填开采在控制顶板变形方面取得了突破性进展,为综采矸石充填沿空留巷的实践提供了条件。由于充填区矸石对顶板下沉的限制作用,一定程度上降低了巷旁支护阻力,保证了顶板关键层的完整性,提高了巷旁支护体的稳定性。

4.1.1 充填沿空留巷顶板力学模型建立

4.1.1.1 综采矸石充填沿空留巷覆岩变形特征

传统沿空留巷过程中,随着工作面的推进,巷旁支护阻力应达到切顶阻力,当基本顶弯矩在巷旁支护边缘附近达到极限时,切断基本顶[183]。采空区覆岩从下往上依次形成冒落带、裂隙带、弯曲下沉带。在综采矸石充填沿空留巷的情况下,由于顶板下部破碎岩体支撑作用明显,关键层仅产生弯曲变形,且变形量较小,一般不会产生破断失稳,关键层依然可以作为覆岩自重的承载主体,其变形特征如图 4-1 所示。

4.1.1.2 关键层力学模型简化

在综采矸石充填沿空留巷中,由于矸石充填区对覆岩下沉量的控制作用,可以保证基本顶的完整性。施工过程中,随着工作面的推进,在后方采空区构筑矸石混凝土墙作为巷旁支护体,一定时间后,矸石充填区、墙体及巷道围岩变形基本稳定。取稳定阶段岩层作为研究对象,将实际模型简化,将左端未开采的实体煤对顶板的约束条件近似为固支边,墙体对顶板的力假设为均布力;

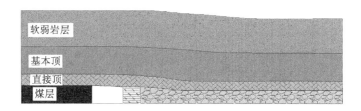

图 4-1 综采矸石充填沿空留巷覆岩变形示意图

右侧矸石充填区由于近似地满足 Winkler 弹性地基假设,可作为弹性地基上的梁模型来研究。由于充填区巷道及墙体可视为无限长,充填区的右边界对左端的墙体及巷道的变形影响极小,故可将矸石充填区的右边界设为自由边界,取沿巷道方向单位长度来研究,可以将模型假设为梁模型来计算,关键层受到上覆岩层的等效载荷,用 q 表示,墙体对顶板的均布压力为 q_1,巷道宽度为 d,矸石混凝土墙体右侧与巷道左帮距离为 a。将充填区视为弹性地基,根据 Winkler 弹性地基理论,地基表面任意一点的沉降与该点单位面积上所受的压力成正比,所以关键层下部岩层对关键层的支撑力为 ky,其中 y 为顶板挠度,k 为地基系数,如图 4-2 所示。

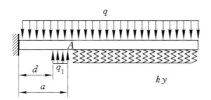

图 4-2 关键层力学简化模型

4.1.1.3 关键层力学模型分析

Winkler 弹性地基假设可表述为:地基表面任一点的沉降与该点单位面积上所受的压力成正比[184-194],即:

$$\sigma = ky \tag{4-1}$$

式中 σ——单位面积上的压力强度,量纲是[力]/[长度]^2;

k——地基系数或垫层系数,量纲是[力]/[长度]^3,其物理意义为使充填区产生单位沉陷所需的压强;

y——地基的沉降量,量纲是[长度],表示充填区的压缩量。

对于地基的上部为较薄的垫层,下部为坚硬岩石的情况,垫层系数可按下列近似公式计算:

$$k = \frac{E_0}{h_0} \tag{4-2}$$

式中 h_0——充填高度，m；

E_0——充填区的变形模量，Pa。

(1) 局部弹性地基上的梁模型：

图 4-3(a)所示为局部弹性地基上的梁，在荷载作用下，梁和地基的位移为 $y(x)$，梁与地基之间的压力为 $p_1(x)$。图 4-3(b)(c)分别表示梁和地基的受力图。

在局部弹性地基梁的计算中，通常以位移函数 $y(x)$ 作为基本未知数。如图 4-3(b)所示，从顶板受力分析可知，顶板下沉量 y 与荷载 q、充填区支撑阻力 p_1 的关系为：

$$EI \frac{\mathrm{d}^4 y}{\mathrm{d}x^4} = q(x) - p_1(x) \tag{4-3}$$

其中 EI 是顶板梁截面的抗弯刚度。

从充填区(地基)来看[图 4-3(c)]，根据 Winkler 弹性地基假设，充填区压缩量 y 与支撑阻力 p_1 的关系为：

$$p_1 = ky \tag{4-4}$$

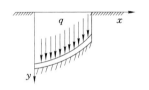

(a) 梁的上部荷载

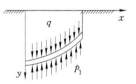

(b) 梁的受力示意图

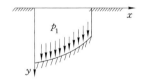

(c) 地基受力示意图

图 4-3 局部弹性地基上的梁及各部分受力示意图

将上式代入微分方程，即得：

$$EI \frac{\mathrm{d}^4 y}{\mathrm{d}x^4} + ky = q(x) \tag{4-5}$$

上式即为局部弹性地基梁的基本微分方程,可以求解基本未知函数。

式(4-5)可改写为如下形式:

$$\frac{\mathrm{d}^4 y}{\mathrm{d}x^4} + \frac{k}{4EI} \cdot 4y = \frac{q(x)}{EI} \tag{4-6}$$

式中包含一个参数 $\dfrac{k}{4EI}$,量纲是 $1/[长度]^4$,令:

$$\beta = \sqrt[4]{\frac{k}{4EI}} \tag{4-7}$$

则 β 的量纲是 $1/[长度]$,再令:

$$L = \sqrt[4]{\frac{4EI}{k}} \tag{4-8}$$

则 L 的量纲是 $[长度]$,L 为特征长度,β 为特征系数。L 和 β 是与顶板和充填区的弹性性质有关的综合性参数,对顶板梁的受力特性和变形特性有重要影响。

采用特征系数 β 后,基本微分方程可写成:

$$\frac{\mathrm{d}^4 y}{\mathrm{d}x^4} + 4\beta^4 y = \frac{q(x)}{EI} \tag{4-9}$$

(2) 内力公式:

$$\begin{cases} \theta = \dfrac{\mathrm{d}y}{\mathrm{d}x} \\[2mm] M = -EI\,\dfrac{\mathrm{d}\theta}{\mathrm{d}x} = -EI\,\dfrac{\mathrm{d}^2 y}{\mathrm{d}x^2} \\[2mm] Q = \dfrac{\mathrm{d}M}{\mathrm{d}x} = -EI\,\dfrac{\mathrm{d}^3 y}{\mathrm{d}x^3} \end{cases} \tag{4-10}$$

(3) 图 4-4 表示位移及 x, y, θ, M, Q 各量的正号方向

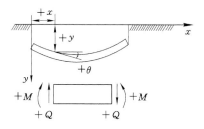

图 4-4　位移及内力的正号方向

充填沿空留巷顶板在充填区破碎矸石的支撑作用下不会出现冒落区,因此将顶板看做连续梁结构是较为合理的。与一般梁的静定或有限次超静定的求解不同,弹性地基梁模型在理论上是一个无限次超静定的问题。另外,将顶板简化为部分弹性基础上的梁模型,可以充分考虑充填区的变形:一方面,顶板荷载作用在充填区上部,使充填区产生下沉;另一方面,充填区矸石在变形过程中对顶板的支撑作用又在约束顶板的位移。为保证变形连续,在共同变形过程中,需要顶板位移与充填区下沉量处处相等。

4.1.2　充填沿空留巷顶板力学模型求解

由于全梁为超静定的结构,并且梁在墙体右端 A 点处的转角和挠度连续,将梁在 A 点分开考虑,设 A 点处的内力:剪力为 p,弯矩为 m(图 4-5)。则 A 点左侧梁为静定结构,右侧为 Winkler 地基上的梁结构。

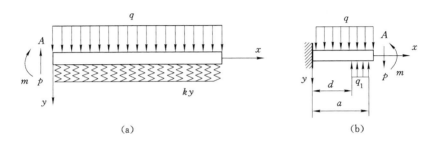

图 4-5　关键层简化模型受力分析

(1) A 点右侧梁挠度求解

根据综采充填沿空留巷的力学模型,运用 Winkler 弹性地基梁理论对关键层及其下部弹性地基岩层进行研究,如图 4-5(a)所示。关键岩梁上部受均布压力 q 作用,弹性地基上的梁挠度基本微分方程为:

$$\frac{\mathrm{d}^4 y(x)}{\mathrm{d}x^4} + 4\beta^4 y(x) = q \tag{4-11}$$

其中,β 为特征系数,$\beta = \sqrt[4]{\dfrac{k}{4EI}}$;$EI$ 为关键层抗弯刚度。

方程式(4-11)的解由齐次方程的通解和非齐次方程的特解组成:

$$y(x) = \mathrm{e}^{\beta x}(A\cos\beta x + B\sin\beta x) + \mathrm{e}^{-\beta x}(C\cos\beta x + D\sin\beta x) + \frac{q}{k}$$

$$\tag{4-12}$$

结合边界条件:

右侧:半无限长自由边界。

左侧:受弯矩 m 和集中力 p 共同作用。

$$\begin{cases} M\Big|_{x=0}=-EI\dfrac{\mathrm{d}^2 y}{\mathrm{d}x^2}\Big|_{x=0}=m \\ Q\Big|_{x=0}=-EI\dfrac{\mathrm{d}^3 y}{\mathrm{d}x^3}\Big|_{x=0}=p \end{cases} \tag{4-13}$$

首先,由右侧无穷远处的边界条件确定系数 A 和 B:

由定性分析得知,当 $x\to\infty$ 时,$y(x)\to\dfrac{q}{k}$,并注意 $e^{\beta x}\to\infty$,$e^{-\beta x}\to 0$,所以可得:

$$A=B=0 \tag{4-14}$$

则式(4-12)可简化为

$$y(x)=e^{-\beta x}(C\cos\beta x+D\sin\beta x)+\frac{q}{k} \tag{4-15}$$

然后,根据左侧边界条件代入式(4-13),解得:

$$\begin{cases} C=-\dfrac{\beta m+p}{2EI\beta^3} \\ D=\dfrac{m}{2EI\beta^3} \end{cases} \tag{4-16}$$

将式(4-16)代入式(4-15)得到挠度方程:

$$y=e^{-\beta x}\left(-\frac{\beta m+p}{2EI\beta^3}\cos\beta x+\frac{m}{2EI\beta^3}\sin\beta x\right)+\frac{q}{k} \tag{4-17}$$

在右侧梁挠度方程中将 A 点坐标 $x=0$ 代入可得到 A 点右侧的挠度及转角:

$$\begin{cases} y(A^+)=-\dfrac{\beta m+p}{2EI\beta^3}+\dfrac{q}{k} \\ \theta(A^+)=\dfrac{2\beta m+p}{2EI\beta^2} \end{cases} \tag{4-18}$$

(2) A 点左侧梁挠度求解

左侧梁[图 4-5(b)]挠度曲线的微分方程为:

$$M=-EI\frac{\mathrm{d}^2 y}{\mathrm{d}x^2} \tag{4-19}$$

对左侧梁挠度采用叠加法来求解,解得左侧梁的挠度 w 表达式为:

$$w(x) = \begin{cases} \dfrac{(q-q_1)x^2}{24EI}(6a^2-4ax+x^2)+\dfrac{q_1x^2}{24EI}(6d^2-4dx+x^2)-\dfrac{mx^2}{2EI}+\dfrac{px^2}{6EI}(3a-x) \\[2mm] (0 \leqslant x \leqslant d) \\[2mm] \dfrac{(q-q_1)x^2}{24EI}(6a^2-4ax+x^2)+\dfrac{q_1x^3}{24EI}(4x-d)-\dfrac{mx^2}{2EI}+\dfrac{px^2}{6EI}(3a-x) \\[2mm] (d < x \leqslant a) \end{cases}$$

$$(4\text{-}20)$$

转角 θ 表达式为：

$$\theta(x) = \begin{cases} \dfrac{(q-q_1)x}{6EI}(3a^2-3ax+x^2)+\dfrac{q_1x}{6EI}(3d^2-3dx+x^2)-\dfrac{mx}{EI}+\dfrac{px}{2EI}(2a-x) \\[2mm] (0 \leqslant x \leqslant d) \\[2mm] \dfrac{(q-q_1)x}{6EI}(3a^2-3ax+x^2)+\dfrac{q_1d^3}{6EI}-\dfrac{mx}{EI}+\dfrac{px}{2EI}(2a-x) \\[2mm] (d < x \leqslant a) \end{cases}$$

$$(4\text{-}21)$$

现在可由式(4-20)、式(4-21)得出 A 点处($x=a$)梁的挠度和转角：

$$\begin{cases} w(A^-) = \dfrac{(q-q_1)a^4}{8EI}+\dfrac{q_1a^3}{24EI}(4a-d)-\dfrac{ma^2}{2EI}+\dfrac{pa^3}{3EI} \\[3mm] \theta(A^-) = \dfrac{(q-q_1)a^3}{6EI}+\dfrac{q_1d^3}{6EI}-\dfrac{ma}{EI}+\dfrac{pa^2}{2EI} \end{cases}$$

$$(4\text{-}22)$$

由于梁在 A 点处挠度、转角连续,将式(4-18)与式(4-22)联立：

$$\begin{cases} w(A^-) = y(A^+) \\ \theta(A^-) = \theta(A^+) \end{cases}$$

$$(4\text{-}23)$$

由式(4-23)可得 m 和 p 的表达式：

$$\begin{cases} m = -\beta(-9a^4\beta kq + 9a^4\beta kq_1 - 12q_1d^3\beta ka - 12ka^3q + 12ka^3q_1 - 12kq_1d^3 + \\ \qquad 72qEI\beta + 3q_1d^4\beta k + ka^6q\beta^3 - ka^6q_1\beta^3 + 4kq_1d^3a^3\beta^3 - 72a^2\beta^3qEI - \\ \qquad 3a^2\beta^3q_1d^4k)/12k(3a\beta + a^3\beta^3 + 3 + 3a^2\beta^2)(a\beta+1) \\[2mm] p = -\beta^2(a^4\beta kq - a^4\beta kq_1 + 2q_1d^3\beta ka + 2ka^3q - 2ka^3q_1 + 2kq_1d^3 - 24qEI\beta - \\ \qquad q_1d^4\beta k)/k(3a\beta + a^3\beta^3 + 3 + 3a^2\beta^2) \end{cases}$$

$$(4\text{-}24)$$

然后将 m、p 代回式(4-17)、式(4-20),再将式(4-17)转换到式(4-20)的坐标系下可得到全梁的挠度解。根据全梁挠度解可以进一步求解得到关键岩梁各点转角和内力分布情况,以及地基支撑力公式。

4.1.3 充填留巷顶板变形关键参数分析

由式(4-17)和式(4-20)可以看出:顶板的下沉规律由充填区的材料性质、

充填区高度(在密实充填条件下近似等于煤层厚度)、巷旁支护体设计、巷道尺寸、顶板岩梁的几何性质、弹性模量、顶板上位岩层荷载等参数共同决定。从参数的控制角度来分析,顶板岩梁的几何性质、弹性模量、顶板上位岩层的载荷、充填区高度等参数与工程地质赋存条件相关,在工程施工中一般无法做到人为控制;巷道宽度由于工程需要,一般可变范围较小;充填区的材料性质、巷旁支护体的支撑强度为工程施工过程中的可控参数。因此,分析可控参数对留巷顶板变形特征的影响可以为充填沿空留巷工艺参数设计提供必要依据。

(1)充填区压实性质对巷旁支护体顶板的影响

巷旁支护体上部基本顶最大变形量随充填区破碎矸石压缩模量的变化规律如图 4-6 所示。

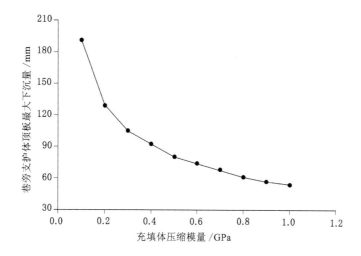

图 4-6　充填体压缩模量对巷旁支护体上部基本顶下沉量的影响

由图 4-6 可以看出:充填区破碎矸石的压缩模量对巷旁支护体上部基本顶的下沉量具有显著影响。随着充填区破碎矸石压缩模量的增大,顶板下沉量呈非线性增加的趋势:在压缩模量为 0.1～0.6 GPa 的阶段,巷旁支护体顶板下沉量随充填体压缩模量的增加而减小的速率较大;在压缩模量大于 0.6 GPa 的阶段,巷旁支护体顶板下沉量减小速率较小,曲线趋于平缓。由此可见,通过增加充填沿空留巷的采空区充填压力,改进充填材料的级配等手段,可以实现控制顶板下沉的效果。

(2)巷旁支护体强度对上部顶板变形的影响

图 4-7 为巷旁支护阻力对顶板下沉量的影响曲线,可以看出:随着巷旁支护阻力的增加,巷旁支护体上部基本顶下沉量近似线性减小;从顶板下沉量的数值

来看,顶板下沉量减小的幅度很小。

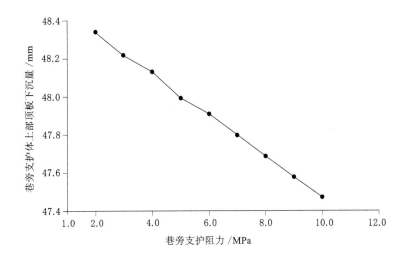

图 4-7　巷旁支护阻力对顶板下沉量的影响

由此说明,巷旁支撑阻力的增加对基本顶变形的控制作用较小,基本顶的变形主要由采空区充填体的整体压实特性决定。巷道上部的基本顶下沉具有显著的"给定变形"特征,巷旁支护体的支撑作用在于限制直接顶的变形。因此,在工程应用中,针对巷旁支护体的设计应该充分考虑基本顶给定变形,留设一定高度维持巷旁支护体的稳定。

根据综采充填沿空留巷顶板变形规律,提出一种刚-柔结合的巷旁支护结构(图 4-8)。根据基本顶的"给定变形"大小,在巷旁支护体的上部设置柔性垫层,吸收基本顶给定变形,并通过下部矸石混凝土墙体起到主要承载作用。通过这种方法,可以实现对下部刚性巷旁支护体支撑荷载的定量控制,从而达到维持巷旁支护体整体稳定性的效果。

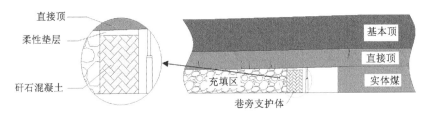

图 4-8　综采充填沿空留巷巷旁支护结构

（3）充填区压实性质对充填稳定区顶板变形的影响

由式(4-17)可以得到，当 $x \to \infty$ 时，$y(x) \to \dfrac{q}{k}$，即：

$$y(x) = \frac{qh_0}{E_0} \tag{4-25}$$

由式(4-25)可以得到充填区的压实性质和充填稳定区顶板变形的关系曲线，如图4-9所示。由图可知，充填区顶板稳定阶段的最大下沉量与充填体的压缩模量之间为反比例关系。在煤层高度、覆岩荷载等地质条件不变时，稳定区顶板的下沉量由充填区的整体承载特性决定。

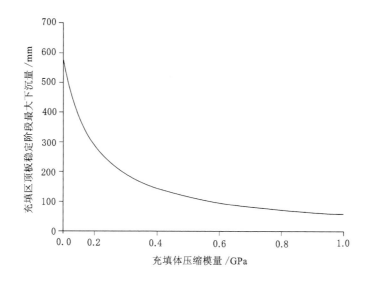

图4-9 充填体压缩模量对稳定区顶板影响

4.1.4 充填沿空留巷顶板下沉量预测

将 m、p 代入式(4-17)、式(4-20)，结合试验矿井的开采深度及各层岩体属性参数（见表4-1），可以对深部大采高充填沿空留巷顶板下沉量进行预测。

表4-1中 E_0、h_0 分别表示矸石充填区地基的弹性模量和地基高度，b_0、H_0 分别表示关键岩梁的单位宽度和厚度。另外，由矸石混凝土力学特性试验测得，矸石混凝土在合理配比条件下，抗压强度在7 MPa以上，可以保证在充填区顶板关键层不产生破断的情况下，调整矸石混凝土墙体高度，将支护阻力维持在7 MPa以下，保持墙体的抗压稳定性。根据现有条件，可以对试验矿井充填沿空留巷顶板下沉规律进行预测。

表 4-1　计算模型参数值

参数名	E_0/Pa	h_0/m	a/m	d/m	E/Pa	b_0/m	H_0/m	$q/(\text{N/m})$	$q_1/(\text{N/m})$
数值	2.5×10^8	3.6	6.4	4	3.5×10^{10}	1	10	16×10^6	7×10^6

通过表 4-1 给出的参数可以求解得出：

$$I = \frac{b_0 H_0^3}{12} = 83(\text{m}^4) \tag{4-26}$$

$$k = \frac{E_0}{h_0} = 6.9\times10^7(\text{N/m}^3) \tag{4-27}$$

$$\beta = \sqrt[4]{\frac{k}{4EI}} = 0.05(\text{m}^{-1}) \tag{4-28}$$

将 I, k, β 代入 m、p 表达式可以解得：$m = 2.59\times10^9\ \text{N}\cdot\text{m}$，$p = 5.11\times10^9\ \text{N}$。

将以上值代入梁挠度表达式，将 y 轴正方向改为竖直向上，可得顶板下沉曲线表达式：

$$w(x) = \begin{cases} -[(1.3\times10^{-7}x^2(246-25.6x+x^2)+10^{-7}x^2(96-16x+x^2) - \\ \quad 5.7\times10^{-4}x^2+2.68\times10^{-4}x^2(19.2-x)] \quad (0\leqslant x\leqslant4) \\ -[(1.3\times10^{-7}x^2(246-25.6x+x^2)+2.57\times10^{-5}(x-1) - \\ \quad 5.7\times10^{-4}x^2+2.68\times10^{-4}x^2(19.2-x)] \quad (4<x\leqslant6.4) \\ -[e^{1.28-0.2x}[-0.114\,6\cos(0.2x-1.28) + \\ \quad 1.423\times10^{-2}\sin(0.2x-1.28)+0.23] \quad (x\geqslant6.4) \end{cases} \tag{4-29}$$

根据上式可以得到顶板下沉量曲线，如图 4-10 所示。由图 4-10 可以看出，矸石混凝土墙体上部顶板最大下沉量在右端，下沉量为 11.7 mm。在充填区离巷道较远处，顶板关键层变形趋于稳定，为 23.0 mm。

4.2　沿空留巷巷旁支护体稳定性分析

巷旁支护体的稳定性是综采矸石充填沿空留巷的关键，从其受力状态来看，其主要受顶板的荷载、巷旁支护体与围岩的边界摩擦和来自充填区散体矸石的侧向压力作用。

4.2.1　充填沿空留巷巷旁支护侧压力

矸石充填区对巷旁支护墙体的侧压力是除巷旁支护阻力以外，影响矸石混凝土墙体稳定性的另一个重要因素。计算充填散体对矸石混凝土墙的侧压力是判断矸石混凝土墙整体稳定性和分析其变形规律的前提。巷旁支护体结构在工

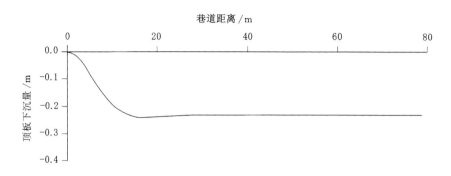

图 4-10　顶板下沉曲线

程中的简化如图 4-11 所示。

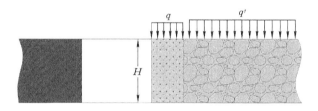

图 4-11　巷旁支护侧压力示意图

充填区散体矸石为离散的多孔隙介质,在外界压力作用下孔隙逐渐闭合,矸石充填体的密实程度增大。从充填体的自身性质来看,其内部固体颗粒之间的黏结力远小于固体颗粒自身的强度,因此其在外部压力作用下的变形主要是散体的矸石颗粒发生流动和重排,颗粒之间发生相对剪切和滑动,而不是固体颗粒本身发生破坏。决定矸石充填体抗剪强度的因素有两个:分别是固体颗粒之间的摩擦力和固体颗粒间存在胶结物质时形成的黏结力。在矸石充填沿空留巷中,破碎矸石作为主要的充填材料,颗粒间黏结力很小,抗剪强度主要取决于内摩擦角的大小。

巷旁支护体受到充填区矸石的侧向水平推力作用,当发生失稳时,巷旁支护体和其背部充填区矸石的运动方向必然指向矸石充填体的外部。此时矸石充填体处于膨胀状态,矸石充填体对巷旁支护的侧压力为主动侧压力。巷旁支护体背部矸石是理想的散粒体($c=0$),近似符合库仑土压力[195-197]的基本假设(图 4-12)。当墙背部向前或向后达到极限平衡状态时,滑动破裂面为通过墙踵的斜平面,在充填区内部形成一个滑动面,出现滑动楔体三角形 ABC。楔体三角形 ABC 整体对巷旁支护体的作用是巷旁支护体侧向压力的来源。当矸石楔体 ABC 处于极限平衡状态,按理论力学刚性平衡法分析力的平衡关系,可以计算得到巷旁支护体的侧向压力。

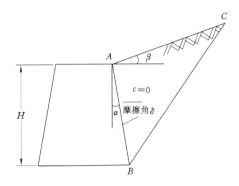

图 4-12　库仑土压力的基本假设

　　将充填矸石上表面作用的均布荷载 q 视为由虚构的充填体自重 γh 产生的。虚构充填体的高度为 $h=q/\gamma$ ，作用在矸石混凝土墙墙背上的压力由两部分组成：

　　（1）实际充填区内破碎矸石的高度 H 产生的压力为 $\frac{1}{2}\gamma H^2 K_a$；

　　（2）由均匀荷载 q 换算成虚构充填高度 h 产生的压力为 qhK_a。

　　由此可以计算出作用在矸石混凝土墙的总压力为：

$$E_a=\frac{1}{2}\gamma H^2 K_a+qhK_a \tag{4-30}$$

式中　γ——矸石的重力密度，kN/m^3；

　　　q——矸石上部的有效覆岩应力，MPa；

　　　H——填土高度，m；

　　　K_a——主动土压力系数。

主动土压力系数见式（4-31）：

$$K_a(\varepsilon,\varphi,\delta,\beta)=\cfrac{\cos^2(\varphi-\varepsilon)}{\cos^2\varepsilon\cdot\cos(\delta+\varepsilon)\left[1+\sqrt{\cfrac{\sin(\delta+\varphi)\cdot\sin(\varphi-\beta)}{\cos(\delta+\varepsilon)+\cos(\varepsilon-\beta)}}\,\right]^2}$$

$$\tag{4-31}$$

式中　β——充填矸石表面坡角，$(°)$；

　　　δ——矸石混凝土墙与充填矸石间的外摩擦角，$(°)$；

　　　φ——充填矸石的内摩擦角，$(°)$；

　　　α——矸石混凝土墙背倾角，$(°)$。

　　由实测结果可以得出巷旁支护墙体右侧一定范围内的矸石平均支撑力为

$q=kw=9.7$ MPa,矸石重力密度 $\gamma=18.5$ kN/m³,矸石混凝土墙高度 $H=3.5$ m,充填矸石表面坡角 $\beta=0°$,取无黏性矸石内摩擦角 $\varphi=28°$,墙背倾斜角度 $\alpha=0°$,矸石混凝土墙与充填矸石间的外摩擦角 $\delta=10°$。将其代入公式(4-31)可以得到主动侧压力系数为:$K_a=0.301$。结合式(4-30)可以得到竖向有效覆岩应力及自重引起的水平侧压力为:

$$E_a=\frac{1}{2}\gamma H^2 K_a+qhK_a=1.02\times10^4(\text{kN/m}) \tag{4-32}$$

由于作用点近似为墙体中部,由自重引起的侧向压力相对很小,所以侧向的应力可以看作为均布力,应力大小为:$E_a/H=3.77$ MPa。在求解得到巷旁支护体侧向荷载的基础上,可以对其整体稳定性和变形特征进行分析。

4.2.2 充填沿空留巷巷旁支护体回转稳定性

如图 4-13 所示,巷旁支护体受侧向压力具有绕 O 点向巷道内侧回转倾倒的倾向,同时顶部的垂直荷载和其自重应力又会限制这种运动的发生。当巷旁支护体处于回转的极限平衡状态时,存在以下关系:由顶板荷载和自重应力作用产生的弯矩与充填区对墙体的侧压力产生的弯矩相等。据此,可以计算得到矸石混凝土墙发生回转的极限平衡条件和回转稳定性判据。

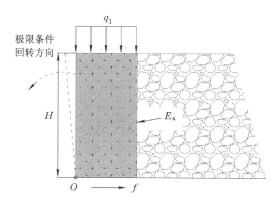

图 4-13 矸石混凝土墙弯矩极限分析图

总水平推力 E_a 对 O 引起的弯矩为 M_{E_a},重力 G 引起的弯矩为 M_G,压力 q_1 引起的弯矩为 M_q,因此其平衡条件为:

$$M_q+M_G\geqslant M_{E_a} \tag{4-33}$$

侧压力 E_a 引起的弯矩为:

$$M_{E_a}=E_a\cos\delta\cdot\frac{H}{2}-E_a\sin\delta\cdot b \tag{4-34}$$

将 q_1 简化为均布荷载,则由 q_1 引起的弯矩为:

$$M_q = q_1 b \cdot \frac{b}{2} = \frac{q_1 b^2}{2} \tag{4-35}$$

重力 G 引起的弯矩为式(4-36)：

$$M_G = \rho \cdot bHt \cdot g \cdot \frac{b}{2} = \frac{1}{2}b^2 H\rho tg \tag{4-36}$$

根据现场条件，对公式(4-33)中涉及的参数进行赋值：矸石混凝土墙高度为 $H = 3.5$ m，混凝土的密度为 2 700 kg/m³，上部顶板对墙体的荷载设计为 $q_1 = 7.0$ MPa，矸石混凝土墙与充填矸石间的外摩擦角 $\delta = 10°$，取沿巷道方向单位厚度分析，判定不同墙体宽度条件下巷旁支护结构的回转稳定性，结果见表 4-2。

表 4-2　不同墙体宽度情况下弯矩稳定性判别结果

墙宽 b/m	M_{E_a}/($\times 10^6$ N·m)	M_q/($\times 10^6$ N·m)	M_G/($\times 10^6$ N·m)	回转稳定性
1.6	21.3	9.6	0.31	失稳
2.0	20.2	15.0	0.38	稳定
2.4	19.1	21.6	0.45	稳定
2.8	18.0	29.4	0.52	稳定

当 $M_q + M_G \leqslant M_{E_a}$，墙体会发生回转失稳。所以，若要保持墙体不发生回转失稳，要求巷旁支护体的宽度至少为 2 m。另外，从极限平衡可以看出，在巷旁支护体的强度范围内适当增加其支撑荷载有利于矸石混凝土墙体的整体稳定性。

4.2.3　充填沿空留巷巷旁支护体滑移稳定性

从矸石混凝土墙的整体稳定性角度考虑，一方面存在向巷内回转的倾向，另一方面存在巷内滑移的倾向。巷旁支护体上部的柔性垫层主要起到充填密闭采空区和吸收变形的作用，按照偏危险的情况考虑，不计柔性垫层对巷旁支护体的水平方向摩擦作用。因此，巷旁支护体在侧向处于临界滑动状态时，需要满足以下条件：充填区对矸石混凝土墙的侧向推压力等于底板与墙体、围岩交界面产生的摩擦力。此时，可以计算得到不同墙体宽度条件下，保持巷旁支护体滑移稳定性的界面极限摩擦角。矸石混凝土墙体抗滑极限状态受力分析如图 4-14 所示。

设矸石混凝土墙与底板间的摩擦系数为 μ_1，在 E_a、q_1 和 G 共同作用下，混凝土墙与底板间的摩擦力为 f_1，因此，矸石混凝土墙体保持滑移稳定性的平衡条件为：

$$f_1 \geqslant E_a \cos \delta \tag{4-37}$$

将 $f_1 = (E_a \sin \delta + G + qb)\mu_1$，代入上式可得：

$$\mu_1 \geqslant \frac{E_a \cos \delta}{E_a \sin \delta + G + qb} \tag{4-38}$$

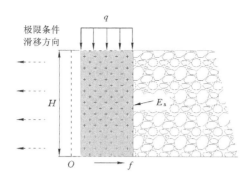

图 4-14　矸石混凝土墙抗滑极限分析图

改变矸石混凝土墙的宽度可以得到不同宽度的矸石混凝土墙体产生滑移失稳对应的矸石混凝土墙与底板界面间的极限摩擦角(见表 4-3)。由表中所示结果可以得到墙体宽度不仅决定了巷旁支护休对顶板的整体支撑力大小,还对矸石混凝土挡墙的侧向滑移稳定性具有重要影响。随着墙体宽度的增加,保持墙体滑移稳定性所要求的界面极限摩擦角呈现非线性减小的趋势,且极限摩擦角减小的梯度逐渐降低。

表 4-3　不同墙体宽度所对应的极限摩擦角

墙宽 b/m	1.6	2.0	2.4	2.8
极限摩擦角 $\varphi_{max}/(°)$	41.7	35.5	30.7	27.0

若实际摩擦角小于极限值则可以通过增大墙体宽度或者卧底等措施增强矸石混凝土墙的侧向抗滑能力。

4.2.4　充填沿空留巷巷旁支护体变形分析

为了保证巷旁支护体的回转和滑移稳定性,需要在上部柔性垫层变形以后,使下部矸石混凝土墙体充分接顶形成有效支撑。此时,巷旁支护体在受到来自充填区的侧向压力时,能够保证不发生整体的回转和滑移,形成图 4-15 所示的支撑结构。通过对图 4-15 中的力学模型分析,可以计算得到巷旁支护体在受到充填区侧向压力作用下的变形规律。

图 4-15 所示的力学模型,巷旁支护体在受到充填区侧向推压力 q_x 的同时,还承受来自顶板的设计荷载 q 的作用。此时巷旁支护体的变形应考虑这两部分荷载的叠加作用。当考虑巷旁支护体受水平侧压力 q_x 的作用效果时,可以求解得出巷旁充填体的位移场分布,进而得到其应力场分布。

运用差分法,将巷旁支护体作如下网格划分(图 4-16):

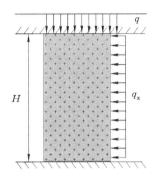

图 4-15　侧压作用下巷旁支护体变形规律计算模型

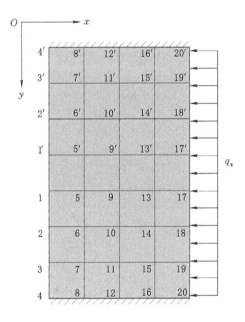

图 4-16　巷旁支护体网格划分

对于上述网格,需要对其内部各类网格的差分形式进行分别推导。首先不失一般性地选取图 4-17 所示的 2×2 网格为对象,推导其差分形式。

将函数 f 在 0 点处按泰勒级数展开:

$$f = f_0 + \left(\frac{\partial f}{\partial x}\right)_0 (x - x_0) + \frac{1}{2!}\left(\frac{\partial^2 f}{\partial x^2}\right)_0 (x - x_0)^2 + \cdots +$$

$$\frac{1}{n!}\left(\frac{\partial^n f}{\partial x^n}\right)_0 (x - x_0)^n + R_n(x) \tag{4-39}$$

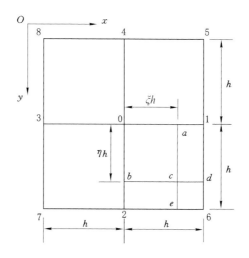

图 4-17　2×2 差分网格

考虑到 $x-x_0$ 充分小，于是只取泰勒级数幂次低于 3 的项，因此 f 可以简化为：

$$f = f_0 + \left(\frac{\partial f}{\partial x}\right)_0 (x - x_0) + \frac{1}{2!}\left(\frac{\partial^2 f}{\partial x^2}\right)_0 (x - x_0)^2 \qquad (4\text{-}40)$$

从而有

$$f_1 = f_0 + h\left(\frac{\partial f}{\partial x}\right)_0 + \frac{h^2}{2}\left(\frac{\partial^2 f}{\partial x^2}\right)_0 \qquad (4\text{-}41)$$

$$f_3 = f_0 - h\left(\frac{\partial f}{\partial x}\right)_0 + \frac{h^2}{2}\left(\frac{\partial^2 f}{\partial x^2}\right)_0 \qquad (4\text{-}42)$$

联立式(4-41)和式(4-42)求得：

$$\left(\frac{\partial f}{\partial x}\right)_0 = \frac{f_1 - f_3}{2h} \qquad (4\text{-}43)$$

同理可得：

$$\left(\frac{\partial f}{\partial y}\right)_0 = \frac{f_2 - f_4}{2h} \qquad (4\text{-}44)$$

$$\left(\frac{\partial f}{\partial y}\right)_1 = \frac{f_6 - f_5}{2h} \qquad (4\text{-}45)$$

规定网线上各点(不包括节点)，函数 f 沿网线方向的导数数值为常量：

$$\left(\frac{\partial f}{\partial x}\right)_a = \frac{f_1 - f_0}{h} \qquad (4\text{-}46)$$

网线上各点(不包括节点)，函数 f 在点 a 处方向导数按线性插值取式(4-47)：

$$\left(\frac{\partial f}{\partial y}\right)_a = (1-\xi)\left(\frac{\partial f}{\partial y}\right)_0 + \xi\left(\frac{\partial f}{\partial y}\right)_1 \tag{4-47}$$

同理,点 b 处的方向导数为式(4-48):

$$\left(\frac{\partial f}{\partial y}\right)_b = \frac{f_2 - f_0}{h}$$

$$\left(\frac{\partial f}{\partial x}\right)_b = (1-\eta)\left(\frac{\partial f}{\partial x}\right)_0 + \eta\left(\frac{\partial f}{\partial x}\right)_2 \tag{4-48}$$

其中:

$$\left(\frac{\partial f}{\partial x}\right)_2 = \frac{f_6 - f_7}{2h} \tag{4-49}$$

对于不在网线上任一点 c,将其偏导按插值定义为:

$$\left(\frac{\partial f}{\partial y}\right)_c = (1-\xi)\left(\frac{\partial f}{\partial y}\right)_b + \xi\left(\frac{\partial f}{\partial y}\right)_d$$

$$\left(\frac{\partial f}{\partial x}\right)_c = (1-\eta)\left(\frac{\partial f}{\partial x}\right)_a + \eta\left(\frac{\partial f}{\partial x}\right)_e \tag{4-50}$$

分别将 a,d,e 点的偏导代入上式得:

$$\left(\frac{\partial f}{\partial y}\right)_c = (1-\xi)\left(\frac{f_2 - f_0}{h}\right) + \xi\left(\frac{f_6 - f_1}{h}\right)$$

$$\left(\frac{\partial f}{\partial x}\right)_c = (1-\eta)\left(\frac{f_1 - f_0}{h}\right) + \eta\left(\frac{f_6 - f_2}{h}\right) \tag{4-51}$$

在图 4-18 中,由 x 方向的平衡条件得:

$$h(\sigma_x)_a - h(\sigma_x)_b + h(\tau_{xy})_c - h(\tau_{xy})_d + (F_x)_0 = 0 \tag{4-52}$$

其中,应力分量的位移表达形式为:

$$\sigma_x = \frac{E}{1-\mu^2}\left(\frac{\partial u}{\partial x} + \mu\frac{\partial v}{\partial y}\right)$$

$$\sigma_y = \frac{E}{1-\mu^2}\left(\frac{\partial v}{\partial y} + \mu\frac{\partial u}{\partial x}\right)$$

$$\tau_{xy} = \frac{E}{2(1+\mu)}\left(\frac{\partial v}{\partial x} + \frac{\partial u}{\partial y}\right) \tag{4-53}$$

联立式(4-52)和式(4-53)得:

$$h\frac{E}{1-\mu^2}\left[\left(\frac{\partial u}{\partial x}\right)_a + \mu\left(\frac{\partial v}{\partial y}\right)_a\right] - h\frac{E}{1-\mu^2}\left[\left(\frac{\partial u}{\partial x}\right)_b + \mu\left(\frac{\partial v}{\partial y}\right)_b\right] +$$

$$h\frac{E}{2(1+\mu)}\left[\left(\frac{\partial u}{\partial y}\right)_c + \left(\frac{\partial v}{\partial x}\right)_c\right] - h\frac{E}{2(1+\mu)}\left[\left(\frac{\partial u}{\partial y}\right)_d + \left(\frac{\partial v}{\partial x}\right)_d\right] + (F_x)_0 = 0 \tag{4-54}$$

根据式(4-43)~式(4-51),有:

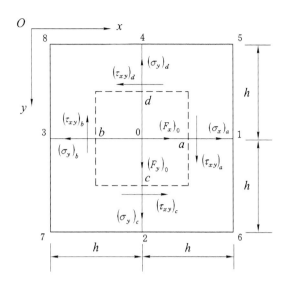

图 4-18 内节点计算示意图

$$\begin{cases}
\left(\dfrac{\partial u}{\partial x}\right)_a = \dfrac{u_1 - u_0}{h} \\[2mm]
\left(\dfrac{\partial u}{\partial x}\right)_b = \dfrac{u_0 - u_3}{h} \\[2mm]
\left(\dfrac{\partial u}{\partial y}\right)_c = \dfrac{u_2 - u_0}{h} \\[2mm]
\left(\dfrac{\partial u}{\partial y}\right)_d = \dfrac{u_0 - u_4}{h} \\[2mm]
\left(\dfrac{\partial v}{\partial y}\right)_a = \dfrac{1}{2}\left(\dfrac{\partial v}{\partial y}\right)_0 + \dfrac{1}{2}\left(\dfrac{\partial v}{\partial y}\right)_1 = \dfrac{1}{2}\left(\dfrac{v_2 - v_4}{2h}\right) + \dfrac{1}{2}\left(\dfrac{v_6 - v_5}{2h}\right) \\[2mm]
\left(\dfrac{\partial v}{\partial y}\right)_b = \dfrac{1}{2}\left(\dfrac{\partial v}{\partial y}\right)_0 + \dfrac{1}{2}\left(\dfrac{\partial v}{\partial y}\right)_3 = \dfrac{1}{2}\left(\dfrac{v_2 - v_4}{2h}\right) + \dfrac{1}{2}\left(\dfrac{v_7 - v_8}{2h}\right) \\[2mm]
\left(\dfrac{\partial v}{\partial x}\right)_c = \dfrac{1}{2}\left(\dfrac{\partial v}{\partial x}\right)_0 + \dfrac{1}{2}\left(\dfrac{\partial v}{\partial x}\right)_2 = \dfrac{1}{2}\left(\dfrac{v_1 - v_3}{2h}\right) + \dfrac{1}{2}\left(\dfrac{v_6 - v_7}{2h}\right) \\[2mm]
\left(\dfrac{\partial v}{\partial x}\right)_d = \dfrac{1}{2}\left(\dfrac{\partial v}{\partial x}\right)_0 + \dfrac{1}{2}\left(\dfrac{\partial v}{\partial x}\right)_4 = \dfrac{1}{2}\left(\dfrac{v_1 - v_3}{2h}\right) + \dfrac{1}{2}\left(\dfrac{v_5 - v_8}{2h}\right)
\end{cases} \tag{4-55}$$

将上式代入式(4-54)并列出 x 方向平衡方程,可化简如下:

$$\frac{E}{8(1-\mu^2)}\big[8(3-\mu)u_0-8(u_1+u_3)-4(1-\mu)(u_2+u_4)+$$

$$(1+\mu)(v_5-v_6+v_7-v_8)\big]=(F_x)_0 \qquad (4\text{-}56)$$

同理列出 y 方向平衡方程,可以求得:

$$\frac{E}{8(1-\mu^2)}\big[8(3-\mu)v_0-8(v_2+v_4)-4(1-\mu)(v_1+v_3)+$$

$$(1+\mu)(u_5-u_6+u_7-u_8)\big]=(F_y)_0 \qquad (4\text{-}57)$$

对于图 4-19 边界节点 0,同样列出 x 方向上的平衡方程:

$$-h(\sigma_x)_a+\frac{h}{2}(\tau_{xy})_b-\frac{h}{2}(\tau_{xy})_c+(F_x)_0=0 \qquad (4\text{-}58)$$

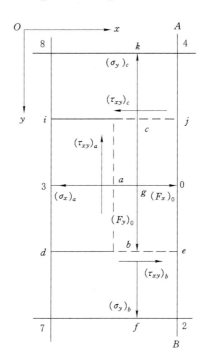

图 4-19　边界节点计算示意图

联立式(4-53)和式(4-58)代入得:

$$-h\frac{E}{1-\mu^2}\Big[\Big(\frac{\partial u}{\partial x}\Big)_a+\mu\Big(\frac{\partial v}{\partial y}\Big)_a\Big]+\frac{h}{2}\frac{E}{2(1+\mu)}\Big[\Big(\frac{\partial u}{\partial y}\Big)_b+$$

$$\Big(\frac{\partial v}{\partial x}\Big)_b\Big]-\frac{h}{2}\frac{E}{2(1+\mu)}\Big[\Big(\frac{\partial u}{\partial y}\Big)_c+\mu\Big(\frac{\partial v}{\partial x}\Big)_c\Big]+(F_x)_0=0 \qquad (4\text{-}59)$$

由式(4-43)～式(4-51)得:

$$
\left\{
\begin{aligned}
&\left(\frac{\partial u}{\partial x}\right)_a = \frac{u_0 - u_3}{h} \\
&\left(\frac{\partial v}{\partial y}\right)_a = \frac{1}{2}\left(\frac{\partial v}{\partial y}\right)_0 + \frac{1}{2}\left(\frac{\partial v}{\partial y}\right)_3 = \frac{1}{2}\left(\frac{v_2 - v_4}{2h}\right) + \frac{1}{2}\left(\frac{v_7 - v_8}{2h}\right) \\
&\left(\frac{\partial u}{\partial y}\right)_b = \frac{1}{4}\left(\frac{\partial u}{\partial y}\right)_d + \frac{3}{4}\left(\frac{\partial u}{\partial y}\right)_e = \frac{1}{4}\left(\frac{u_7 - u_3}{h}\right) + \frac{3}{4}\left(\frac{u_2 - u_0}{h}\right) \\
&\left(\frac{\partial v}{\partial x}\right)_b = \frac{1}{2}\left(\frac{\partial v}{\partial x}\right)_f + \frac{1}{2}\left(\frac{\partial v}{\partial x}\right)_g = \frac{1}{2}\left(\frac{v_2 - v_7}{h}\right) + \frac{1}{2}\left(\frac{v_0 - v_3}{h}\right) \\
&\left(\frac{\partial u}{\partial y}\right)_c = \frac{1}{4}\left(\frac{\partial u}{\partial y}\right)_i + \frac{3}{4}\left(\frac{\partial u}{\partial y}\right)_j = \frac{1}{4}\left(\frac{u_3 - u_8}{h}\right) + \frac{3}{4}\left(\frac{u_0 - u_4}{h}\right) \\
&\left(\frac{\partial v}{\partial x}\right)_c = \frac{1}{2}\left(\frac{\partial v}{\partial x}\right)_k + \frac{1}{2}\left(\frac{\partial v}{\partial x}\right)_g = \frac{1}{2}\left(\frac{u_4 - u_8}{h}\right) + \frac{1}{2}\left(\frac{v_0 - v_3}{h}\right)
\end{aligned}
\right.
\tag{4-60}
$$

联立式(4-59)和式(4-60)列出 x 方向平衡方程：

$$
\frac{E}{16(1-\mu^2)}\big[2(11-3\mu)u_0 - 3(1-\mu)(u_2+u_4) - 2(7+\mu)u_3 - \\
(1-\mu)(u_7+u_8) - 2(1-3\mu)(v_2-v_4) + 2(1+\mu)(v_7-v_8)\big] = (F_x)_0
\tag{4-61}
$$

同理，在 y 方向的平衡方程为：

$$
\frac{h}{2}(\sigma_y)_b - \frac{h}{2}(\sigma_y)_c - h(\tau_{xy})_a + (F_y)_0 = 0
\tag{4-62}
$$

可以求出与未知位移分量 v_0 相关的差分方程为：

$$
\frac{E}{8(1-\mu^2)}\big[2(5-2\mu)v_0 + (1-3\mu)u_2 - 3v_2 - 2(1-2\mu)v_3 - \\
(1-3\mu)u_4 - 3v_4 + (1+\mu)u_7 - v_7 - (1+\mu)u_8 - v_8\big] = (F_y)_0
\tag{4-63}
$$

因此，边界在左侧时：

$$
\frac{E}{16(1-\mu^2)}\big[2(11-3\mu)u_0 - 2(7+\mu)u_1 - 3(1-\mu)u_2 + 2(1-3\mu)v_2 - \\
3(1-\mu)u_4 - 2(1-3\mu)v_4 - (1-\mu)u_5 + 2(1+\mu)v_5 - (1-\mu)u_6 - 2(1+\mu)v_6\big] = (F_x)_0
\tag{4-64}
$$

$$
\frac{E}{8(1-\mu^2)}\big[2(5-2\mu)v_0 - 2(1-2\mu)v_1 - (1-3\mu)u_2 - 3v_2 + (1-3\mu)u_4 - \\
3v_4 + (1+\mu)u_5 - v_5 - (1+\mu)u_6 - v_6\big] = (F_y)_0
\tag{4-65}
$$

边界在下侧时：

$$
\frac{E}{8(1-\mu^2)}\big[-2(1-2\mu)u_0 - u_1 + (1+\mu)v_1 + 2(5-2\mu)u_2 - u_3 - (1+\mu)v_3 -
$$

$$3u_6 + (1-3\mu)v_6 - 3u_7 - 3(1-3\mu)v_7] = (F_x)_2 \qquad (4\text{-}66)$$

$$\frac{E}{16(1-\mu^2)}[-2(7+\mu)v_0 + 2(1+\mu)u_1 - (1-\mu)v_1 + 2(11-3\mu)v_2 - 2(1+\mu)u_3 -$$

$$(1-\mu)v_3 - 2(1-3\mu)u_6 - 3(1-\mu)v_6 + 2(1-3\mu)u_7 - 3(1-\mu)v_7] = (F_y)_2$$

$$(4\text{-}67)$$

边界在上侧时：

$$\frac{E}{8(1-\mu^2)}[-2(1-2\mu)u_0 - u_1 - (1+\mu)v_1 - u_3 + (1+\mu)v_3 \mp 2(5-2\mu)u_4 -$$

$$3u_5 - (1-3\mu)v_5 - 2(1+\mu)u_8 - (1-\mu)v_8] = (F_x)_4 \qquad (4\text{-}68)$$

$$\frac{E}{16(1-\mu^2)}[-2(7+\mu)v_0 - 2(1+\mu)u_1 - (1-\mu)v_1 + 2(1+\mu)u_3 -$$

$$(1-\mu)v_3 + 2(11-3\mu)v_4 + 2(1-3\mu)u_5 - 3(1-\mu)v_5 - 2(1-3\mu)u_8 -$$

$$3(1-\mu)v_8] = (F_y)_4 \qquad (4\text{-}69)$$

对图 4-16 的网格,根据对称性可知:

$$u_k = -u_{k'}, v_k = -v_{k'} \qquad (4\text{-}70)$$

其中,k 取 $1, 2, 3, \cdots, 20$。

另外,由边界条件可知:

$$u_i = u_{i'} = v_i = v_{i'} = 0 \qquad (4\text{-}71)$$

其中,i 取 $4, 8, 12, 16, 20$。

因此,需求的未知量有 15 个节点($1, 2, 3, 5, 6, 7, 9, 10, 11, 13, 14, 15, 17, 18,$ 19),则对应的 x, y 位移分量有 30 个。

对于节点 1,由式(4-64)和式(4-65)可得:

x 方向

$$-(1-\mu)u_{5'} + 2(1+\mu)v_{5'} - 2(7+\mu)u_5 - (1-\mu)u_6 - 2(1+\mu)v_6$$

$$-3(1-\mu)u_{1'} - 2(1-3\mu)v_{1'} + 2(11-3\mu)u_1 - 3(1-\mu)u_2 + 2(1-3\mu)v_2 = 0$$

$$(4\text{-}72)$$

y 方向

$$(1+\mu)u_{5'} - v_{5'} - 2(1-2\mu)v_5 - (1+\mu)u_6 - v_6 + (1-3\mu)u_{1'} -$$

$$3v_{1'} + 2(5-2\mu)v_1 - (1-3\mu)u_2 - 3v_2 = 0 \qquad (4\text{-}73)$$

对于平面应变模型,需要将 E 替换为 $\dfrac{E}{1-\mu^2}$,将 μ 替换为 $\dfrac{\mu}{1-\mu}$。

同理,其他 14 个节点均可列出相应方程,并运用 Matlab 软件对各节点的水平和竖直方向的位移分量进行求解。

另外,巷旁支护体在顶板载荷 q 的作用下,在水平和竖直方向会产生一定变形,将之与 q_x 引起的位移场叠加,取侧压力系数为 0.4,矸石混凝土材料泊松比为 0.25,计算并绘制巷旁支护体的位移云图,如图 4-20 所示。

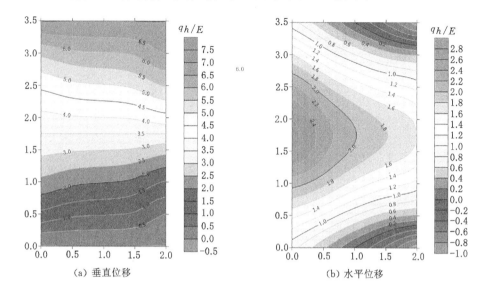

(a) 垂直位移　　　　　　　　　　　(b) 水平位移

图 4-20　巷旁支护体位移云图

由图 4-20 可以看出,巷旁支护体的垂直位移总体表现为随着高度的增加而增大的趋势,顶板载荷对巷旁支护体的垂直方向位移起主导作用;水平侧压力引起了右侧(采空侧)中部垂直位移变化梯度的增加。巷旁支护体的水平位移的最大值位于左侧(巷道侧)中部,最大值达到 $2.6qh/E$;巷旁支护体在巷道表面的水平位移表现为由中间向顶底板逐渐减小的趋势。

4.3　矸石充填沿空留巷底板变形机理

在综采矸石充填沿空留巷的工程实践中发现:留巷完成后,局部底鼓变形量比垮落法管理顶板的沿空留巷大,导致了巷道断面收敛严重,影响了巷道的正常使用(如图 4-21 所示)。

本节采用理论分析的方法,建立综采矸石充填沿空留巷底板力学计算模型。研究底板岩层力学特性、充填区散体压实、巷旁支护体的垂直支撑和实体煤的应力集中等因素对采空区充填沿空留巷底鼓的影响。在此基础上,提出底鼓控制方案设计原则。

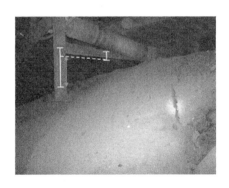

图 4-21　综采矸石充填沿空留巷现场底鼓变形

4.3.1　充填沿空留巷底板压力来源

在综采充填沿空留巷工程中[图 4-22(a)],在工作面第一次采动后,用矸石回填右侧采空区并进行初步压实,形成充填区,并在巷道采空侧构筑巷旁支护体。巷道在原有的锚杆锚索支护的基础上,对巷旁支护体施加对拉锚杆进行加固。监测结果表明,现场留巷稳定后,在没有浸水和地质构造的条件下,底板出现了较大的弯曲褶皱型的非对称底鼓[图 4-22(b)]。另外,在不考虑水和地质构造等因素影响的条件下,对试验矿井的岩层结构和开采条件进行了物理相似模拟试验,在试验过程中也同样观察到了这一现象[图 4-22(c)]。因此,本书认为,综采充填沿空留巷的底鼓主要是由于应力重新分布后,底板岩层所受荷载引起的。

能够直接影响充填沿空留巷底板变形的荷载因素主要由四个部分组成(图 4-23):

(1)实体煤帮在采动影响下对底板的垂直荷载。实测数据显示,在沿空留巷进入稳定期后,实体煤侧的压力在一定范围内呈现出非线性的分布规律。由巷道表面向实体煤深部方向延伸可以将应力划分为应力集中区(L_3、L_4)和原岩应力区(L_5)两部分。在应力集中区内由浅及深压力表现为先增大(q_3)后减小(q_4)的趋势,然后逐渐恢复原岩应力(q_5)。

(2)充填区(L_2)在压实作用下对底板产生的垂直荷载(q_2)。在采空区充填沿空留巷过程中,充填区对顶板起到主要的支撑作用,决定了基本顶"大结构"的弯曲下沉。充填区内部应力由左向右可以划分为卸压区和应力恢复区,在充填开采条件下,采空区能够快速进入压实稳定状态。与垮落法管理顶板的条件相比,卸压区的分布范围很小。

(3)巷旁支护体(L_1)的支撑反力向底板方向的传递。由于充填区矸石的支撑作用,基本顶不产生破断,覆岩压力通过基本顶向下传递。直接顶一方面适应

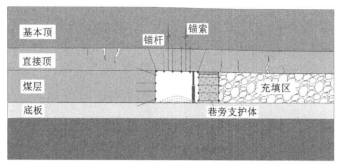

（a）综采充填沿空留巷断面示意图

（b）现场留巷稳定段底板非对称变形　（c）物理相似模拟试验中留巷底鼓

图 4-22　综采充填沿空留巷底鼓变形示意图

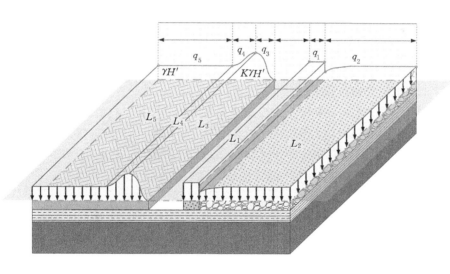

图 4-23　综采充填沿空留巷底板应力来源示意图

基本顶的回转变形,另一方面自身会产生一定的离层和下沉。工程实践结果证明:通过巷旁充填体的支撑作用限制基本顶回转的方法是不可行的。在巷旁支护体的上部设置 200 mm 的柔性垫层,形成刚-柔结合巷旁支护体结构。这样一方面可以适应基本顶的给定变形,另一方面能够隔挡矸石、限制直接顶发生离层、控制巷道的收敛变形。在顶板荷载超过柔性垫层的强度后,柔性垫层产生屈服大变形,阻止了荷载向下部刚性支护体的传递。可以将下部刚性巷旁支护体的工作荷载(q_1)保持在合理范围内,避免巷旁支护体在顶板下沉的过程中出现过载破坏,对维护巷旁支护体的完整性起到至关重要的作用。

(4) 水平地应力的挤压作用。深部开采条件下的工程实践证明:水平侧压力系数 λ 近似为 1.0,高的水平地应力作用会加剧底板岩层的弯曲变形。通过现场取样和实验室试验,测得底板岩样的黏聚力 C 为 2.32 MPa、内摩擦角 φ 为 25°,回采巷道宽 4 m、高 3.6 m。在试验矿区工作面巷帮布置钻孔应力计可以探测到巷帮垂直应力分布参数(为了计算方便,将 q_1 用 $\gamma H'$ 表示,γ 为岩层重力密度,H' 为煤层埋藏深度),见表 4-4。

表 4-4　巷帮垂直应力分布参数

L_1/m	L_3/m	L_4/m	d/m	K	q_1
2	4	8	4	1.53	$1.3\gamma H'$

4.3.2　充填沿空留巷底鼓力学模型

由于工作面走向长度远大于倾向宽度,且沿工作面走向应力均匀分布,可将作用在底板上的垂直荷载作为条形荷载处理。如图 4-24 所示,以实体煤侧原岩应力区和应力集中区交界处为原点,水平向右为 x 轴正方向,沿巷道轴向向外为 y 轴正方向,竖直向下为 z 轴正方向建立空间坐标系。由于荷载沿 y 方向均匀分布,最终可以将底板的力学计算模型简化为平面应变问题来求解,可以计算得到沿 y 方向分布的竖直方向线荷载 $\overline{p}$(kN/m),在底板 xOz 平面内任一点 N 引起的应力。在点载荷作用下,底板任意一点应力和变形经推导可得:

沿 y 方向均匀分布的线载荷作用下点 N 处应力分布:

$$\sigma_z = \int_{-\infty}^{\infty} \mathrm{d}\sigma_z = \frac{2\overline{P}z^3}{\pi R_1^4} \tag{4-74}$$

$$\sigma_x = \int_{-\infty}^{\infty} \mathrm{d}\sigma_x = \frac{2\overline{P}x^2z}{\pi R_1^4} \tag{4-75}$$

$$\tau_{xz} = \tau_{zx} = \frac{2\overline{P}xz^2}{\pi R_1^4} \tag{4-76}$$

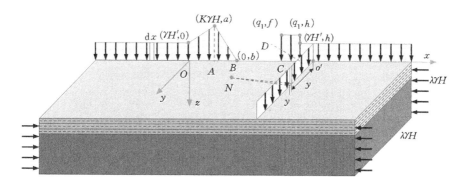

图 4-24　综采充填沿空留巷底板力学分析

沿 y 方向均匀分布的线荷载作用下底板表面($z=0$)垂直位移：

$$w = \int_{-L}^{L} d\omega = \frac{\bar{p}(1+\mu)(1-\mu)}{\pi E} \int_{-L}^{L} \frac{1}{(R_1^2 + y^2)^{\frac{1}{2}}} dy$$

$$= \frac{\bar{p}(1+\mu)(1-\mu)}{\pi E} \ln\left(\frac{\sqrt{R_1^2 + L^2} + L}{\sqrt{R_1^2 + L^2} - L}\right) \tag{4-77}$$

式中　L——沿巷道轴向的采动影响范围；

　　　R_1——$O'N$ 的长度，$R_1 = \sqrt{x^2 + z^2}$；

　　　$\bar{P}$——沿 y 方向均匀分布的线性荷载；

　　　μ——底板岩石的泊松比；

　　　E——底板岩层弹性模量。

巷道的掘进和煤层的开采改变了岩层的应力分布，从而引起了围岩的变形。对底板岩层而言，开采后的煤层垂直方向应力发生改变，通过对巷道水平方向围岩内部的压力探测，可以将底板竖直方向荷载分布简化成图 4-24 所示的形式。将 xOz 面内的垂直应力近似看作线性分布，将 q_3 和 q_4 分别简化为三角形荷载和梯形荷载，将 q_2 简化为均布荷载。底板表面任意一点的位移和应力状态是其上部各部分荷载在该点叠加作用的结果，因此留巷后底板变形和应力分布是由煤层开采前后荷载的差值引起。

（1）底板应力分布

实体煤帮应力集中区(OA 段)三角形分布的条形荷载引起的底板中的附加应力为：

$$
\begin{cases}
\sigma_{z1} = \dfrac{2(K-1)\gamma H'z^3}{\pi a}\displaystyle\int_0^a \dfrac{\xi \mathrm{d}\xi}{\left[(x-\xi)^2+z^2\right]^2} \\[3mm]
\sigma_{x1} = \dfrac{2(K-1)\gamma H'z}{\pi a}\displaystyle\int_0^a \dfrac{(x-\xi)^2\xi \mathrm{d}\xi}{\left[(x-\xi)^2+z^2\right]^2} \\[3mm]
\tau_{xz1} = \dfrac{2(K-1)\gamma H'z^2}{\pi a}\displaystyle\int_0^a \dfrac{(x-\xi)\xi \mathrm{d}\xi}{\left[(x-\xi)^2+z^2\right]^2}
\end{cases}
\tag{4-78}
$$

实体煤帮应力集中区(AB 段)三角形分布的条形荷载引起的底板中的附加应力为:

$$
\begin{cases}
\sigma_{z2} = \dfrac{2K\gamma H'z^3}{\pi(b-a)}\displaystyle\int_a^b \dfrac{(b-\xi)\mathrm{d}\xi}{\left[(x-\xi)^2+z^2\right]^2} \\[3mm]
\sigma_{x2} = \dfrac{2K\gamma H'z}{\pi(b-a)}\displaystyle\int_a^b \dfrac{(b-\xi)(x-\xi)^2\mathrm{d}\xi}{\left[(x-\xi)^2+z^2\right]^2} \\[3mm]
\tau_{xz2} = \dfrac{2K\gamma H'z^2}{\pi(b-a)}\displaystyle\int_a^b \dfrac{(b-\xi)(x-\xi)\mathrm{d}\xi}{\left[(x-\xi)^2+z^2\right]^2}
\end{cases}
\tag{4-79}
$$

巷旁支护体(CD 段)均布荷载引起的底板中的附加应力为:

$$
\begin{cases}
\sigma_{z3} = \dfrac{2(q_1-\gamma H')z^3}{\pi}\displaystyle\int_f^h \dfrac{\mathrm{d}\xi}{\left[(x-\xi)^2+z^2\right]^2} \\[3mm]
\sigma_{x3} = \dfrac{2(q_1-\gamma H')z}{\pi}\displaystyle\int_f^h \dfrac{(x-\xi)^2\mathrm{d}\xi}{\left[(x-\xi)^2+z^2\right]^2} \\[3mm]
\tau_{xz3} = \dfrac{2(q_1-\gamma H')z^2}{\pi}\displaystyle\int_f^h \dfrac{(x-\xi)\mathrm{d}\xi}{\left[(x-\xi)^2+z^2\right]^2}
\end{cases}
\tag{4-80}
$$

原岩应力(AC 段)均布荷载引起的底板中的附加应力为:

$$
\begin{cases}
\sigma_{z0} = \dfrac{2\gamma H'z^3}{\pi}\displaystyle\int_a^f \dfrac{\mathrm{d}\xi}{\left[(x-\xi)^2+z^2\right]^2} \\[3mm]
\sigma_{x0} = \dfrac{2\gamma H'z}{\pi}\displaystyle\int_a^f \dfrac{(x-\xi)^2\mathrm{d}\xi}{\left[(x-\xi)^2+z^2\right]^2} \\[3mm]
\tau_{xz0} = \dfrac{2\gamma H'z^2}{\pi}\displaystyle\int_a^f \dfrac{(x-\xi)\mathrm{d}\xi}{\left[(x-\xi)^2+z^2\right]^2}
\end{cases}
\tag{4-81}
$$

沿空留巷后底板中的附加应力分布为:

$$
\begin{cases}
\sigma_z = \sigma_{z1}+\sigma_{z2}+\sigma_{z3}-\sigma_{z0} \\[2mm]
\sigma_x = \sigma_{x1}+\sigma_{x2}+\sigma_{x3}-\sigma_{x0} \\[2mm]
\tau_{xz} = \tau_{xz1}+\tau_{xz2}+\tau_{xz3}-\tau_{xz0}
\end{cases}
\tag{4-82}
$$

综上可以得到底板范围内任意一点的主应力为:

$$\begin{cases} \sigma_1 = \dfrac{\sigma_x + \sigma_z}{2} + \sqrt{\left(\dfrac{\sigma_x - \sigma_z}{2}\right)^2 + \tau_{xz}^2} \\[3mm] \sigma_3 = \dfrac{\sigma_x + \sigma_z}{2} - \sqrt{\left(\dfrac{\sigma_x - \sigma_z}{2}\right)^2 + \tau_{xz}^2} \end{cases} \tag{4-83}$$

（2）底板表面垂直位移

实体煤帮应力集中区（OA 段）三角形分布的条形荷载引起的底板表面竖直位移为：

$$w_1 = \frac{(1+\mu)(1-\mu)(K-1)\gamma H'}{a\pi E} \int_0^a \xi \ln\left[\frac{\sqrt{(x-\xi)^2 + L^2} + L}{\sqrt{(x-\xi)^2 + L^2} - L}\right] d\xi$$

$$\tag{4-84}$$

实体煤帮应力集中区（AB 段）三角形分布的条形荷载引起的底板表面竖直位移为：

$$w_2 = \frac{(1+\mu)(1-\mu)K\gamma H'}{(b-a)\pi E} \int_a^b (b-\xi) \ln\left[\frac{\sqrt{(x-\xi)^2 + L^2} + L}{\sqrt{(x-\xi)^2 + L^2} - L}\right] d\xi$$

$$\tag{4-85}$$

巷旁支护体（CD 段）均布荷载引起的底板表面竖直位移为：

$$w_3 = \frac{(1+\mu)(1-\mu)(q_1 - \gamma H')}{\pi E} \int_f^h \ln\left[\frac{\sqrt{(x-\xi)^2 + L^2} + L}{\sqrt{(x-\xi)^2 + L^2} - L}\right] d\xi \tag{4-86}$$

原岩应力（AC 段）均布荷载引起的底板表面竖直位移为：

$$w_0 = \frac{(1+\mu)(1-\mu)\gamma H'}{\pi E} \int_d^f \ln\left[\frac{\sqrt{(x-\xi)^2 + L^2} + L}{\sqrt{(x-\xi)^2 + L^2} - L}\right] d\xi \tag{4-87}$$

沿空留巷后底板表面竖直位移为：

$$w = w_1 + w_2 + w_3 - w_0 \tag{4-88}$$

其中，μ 为底板岩层泊松比，K 为实体煤侧应力集中系数，E 为底板岩层弹性模量，L 为沿 y 方向的采动影响范围。

4.3.3　充填沿空留巷底鼓机理分析

4.3.3.1　采空区充填沿空留巷底鼓影响因素分析

由式（4-83）、式（4-88）可以看出，充填沿空留巷底板的应力场和位移场主要受三类因素影响：开采地质条件、实体煤侧载荷分布、采空区侧载荷分布。其中，开采地质条件包括煤层埋深、底板岩层的弹性模量、内摩擦角、黏聚力等，实体煤侧荷载分布主要由实体煤侧的应力集中系数决定，采空区侧荷载分布主要受巷旁支护体和充填区支撑力的影响。运用理论分析的手段，可以直观地分析各因素对底板应力场和位移场的影响，从而为充填沿空留巷的底鼓控制提供依据。

（1）地质条件对底板的影响

为了分析各因素对底板变形的影响，在限制其他条件不变的情况下，对弹性模量、煤层埋深、内摩擦角、黏聚力四个因素分别进行单一因素分析。如图4-25所示，在埋深、载荷、黏聚力、内摩擦角等因素不变的情况下，沿空留巷最大底鼓量与底板岩体的弹性模型量反比例关系，反映了底板岩层在采空影响下抵抗变形的能力。

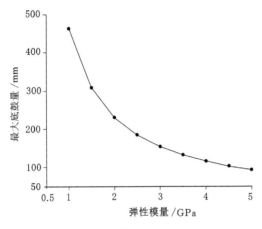

图4-25　弹性模量对最大底鼓量的影响

巷道底板最大底鼓量随着煤层埋深的增加呈线性增加趋势（图4-26），由式（4-84）～式（4-88）同样可以看出这一线性关系。而实际工程中二者往往不是规则的线性关系，主要是由于弹性模型中未考虑岩体的塑性变形，根据本节的分析可以得到二者之间的内在联系。

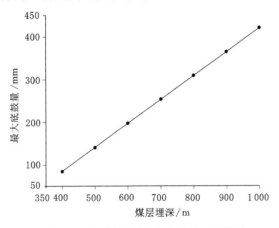

图4-26　煤层埋深对最大底鼓量的影响

另外,在得到整个底板应力场解析解的基础上,引入底板岩层的屈服准则,可以得到近似的底板塑性区分布范围。其中,底板岩石的屈服条件选用莫尔-库仑强度准则:

$$\sin \varphi = \frac{\sigma_1 - \sigma_3}{\sigma_1 + \sigma_3 + 2C \cot \varphi} \tag{4-89}$$

那么底板岩层的塑性区表达式为:

$$(\sigma_1 - \sigma_3) - (\sigma_1 + \sigma_3) \sin \varphi \geqslant 2C \cos \varphi \tag{4-90}$$

由式(4-90)可以看出,除了底板的应力分布规律以外,底板岩石的黏聚力和内摩擦角对充填沿空留巷的底板塑性区发育有着重要影响。计算可知,底板塑性区深度随岩石内摩擦角的增加而减小,二者之间为非线性的关系(图 4-27)。在内摩擦角从 10°增加到 30°过程中,底板塑性区深度减小了73%。另外,塑性区的深度随着黏聚力的增加而线性减小(图 4-28),梯度为-1 m/MPa。

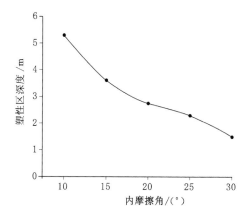

图 4-27 内摩擦角对塑性区深度的影响

(2) 实体煤侧荷载对底板塑性区发育深度的影响

除了底板的岩石特性参数以外,巷道两帮的应力场分布也对底板的变形有着重要影响。采空区充填沿空留巷完成以后,在充填液压支架的初期推压和后期顶板下沉的共同作用下,充填区的散体矸石在工作面后方 20 m 处恢复原岩应力,进入压实稳定区,对顶板起到支撑作用。由于充填区对顶板的支撑作用是在顶板的下沉过程产生的,属于一种被动的支撑作用。因此,从顶板的整体结构来看,煤层开采后必然会带来实体煤侧顶板的给定变形,造成实体煤侧的应力集中。造成充填沿空留巷底鼓变形的主要原因是开采和留巷后底板应力的重新分布。因此,实体煤侧的应力集中系数是决定巷道底板稳定性的关键因素之一。

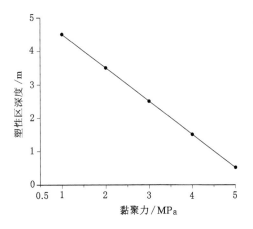

图 4-28　黏聚力对塑性区深度的影响

由图 4-29 可以看出,底板塑性区深度随着实体煤侧应力集中系数(K)的增加而增加。在 $K<2.0$ 时,增长速率较低;当 $K\geqslant2.0$ 时,增长速率较高。为了控制底鼓变形,应尽量减小实体煤侧的应力集中系数。试验研究结果表明,松散的矸石颗粒在压力为 0~2 MPa 的侧限单轴压缩过程中的表面垂直位移量达到 6 MPa 的 80%。因此,在地质条件和开挖巷道断面不变的条件下,需要适当提高充填区散体的初期压实度,以减小充填区的早期变形。从而限制基本顶的回转变形,减小实体煤侧顶板的给定变形,达到降低应力集中系数 K 的目的。

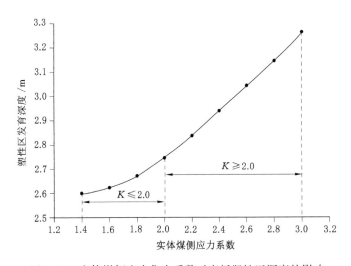

图 4-29　实体煤侧应力集中系数对底板塑性区深度的影响

（3）采空区侧荷载对底板塑性区发育深度的影响

采空区充填沿空留巷采空侧的荷载包括巷旁支护体的工作阻力和充填区的竖直应力。图 4-30 中用巷旁支护体阻力 $[q_1/(\gamma H')]$ 来表示 q_1 的应力水平，可以看出，底板塑性区深度随着巷旁支护体支撑反力的增加而减小。塑性区深度在 $q_1/(\gamma H')$ 为 0.5~1.5 的范围内减小速度较快，而在 $q_1/(\gamma H')$ 为 1.5~2.3 的范围内减小速度较慢。因此可以认为在 $q_1/(\gamma H')$ 小于 1.5 的情况下增加巷旁支护体的支撑力，对控制底鼓较为有利。另外，充填区内靠近巷道一侧适当降低充填压力，可以促使底板塑性区向充填区侧转移，从而为底板变形和压力的释放提供新的渠道，有利于控制巷道内部的底鼓变形。

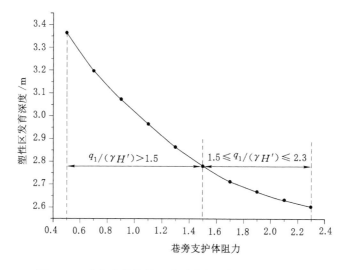

图 4-30　巷旁支护体的阻力对底板塑性区深度的影响

4.3.3.2　试验矿井充填沿空留巷工作面底鼓机理

由公式（4-82）可以得到岩层底板的应力分布云图，包括底板垂直应力[图 4-31(a)]、水平应力[图 4-31(b)]和 xz 方向剪应力[图 4-31(c)]，然后利用式（4-83）可以求解底板岩层最小主应力[图 4-31(d)]、最大主应力和塑性区的分布[图 4-31(e)]。由图 4-31(a)可以看出底板垂直应力的卸压区主要分布在巷道底板表面至 22.8 m 的范围内，并且在浅部偏向实体煤一侧，深部偏向采空区一侧。底板表面的应力分布为荷载给定的，并且通过计算可以看出，底板垂直应力升高区的分布范围随着实体煤侧的应力集中系数、巷旁支护体的支撑荷载以及它们的作用范围的增加而显著增加。在试验区矿井实测的应力集中系数为 1.53，巷旁支护体的支撑荷载为 $1.3\gamma H$，计算得到底板垂直应

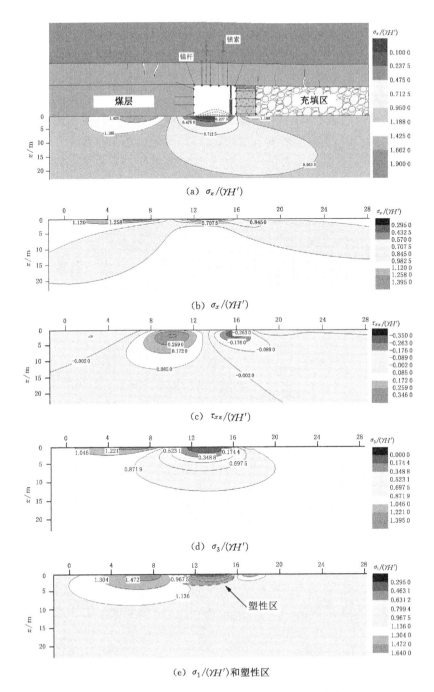

(a) $\sigma_z/(\gamma H')$

(b) $\sigma_x/(\gamma H')$

(c) $\tau_{xz}/(\gamma H')$

(d) $\sigma_3/(\gamma H')$

(e) $\sigma_1/(\gamma H')$ 和塑性区

图 4-31　试验区矿井充填沿空留巷底板应力分布

力增高区的影响深度为 7.3 m，巷旁支护体底板应力升高区影响深度为 2.3 m。水平应力的影响范围主要沿巷道底角方向向两侧延伸；底板剪应力的影响范围主要分布在底板表面荷载的突变区域，包括实体煤侧的应力集中区和巷旁支护体以下的底板范围。

底板最小主应力的改变主要出现在巷道下方，其深度远大于巷道两侧的底板。最大主应力的增大区域主要出现在实体煤侧的应力集中区下方，减小区主要分布在巷道下方，分布范围较小，深度为 2 m。底板最大和最小主应力均为正值，表明巷道底板卸压区的主应力均为压应力。将表 4-4 中试验区矿井实测参数代入式(4-90)可以得到底板塑性区分布，如图 4-31(e)所示。底板塑性区发育深度为 2.68 m。另外，最大主应力 σ_1 和最小主应力 σ_3 与 x 方向的夹角 α_1 和 α_3 可由下式计算得到：

$$\begin{cases} \alpha_1 = \arctan\left(\dfrac{\sigma_1 - \sigma_x}{\tau_{xz}}\right) \\ \alpha_3 = \arctan\left(-\dfrac{\tau_{xz}}{\sigma_1 - \sigma_x}\right) \end{cases} \tag{4-91}$$

计算结果表明：巷道下方卸压区的最大主应力方向几乎平行于 x 轴。巷道底板水平应力是引起巷道底鼓最直接的外在因素，其他外在因素是通过改变巷道底板水平应力，从而对巷道底板的破坏特征产生影响。与垮落法管理顶板的一般巷道相比，采空区侧底板荷载的不同是造成巷道底板变形特征差异的主要原因。一般条件下，采空区处于未压实状态，底板塑性区和卸压区均会向采空区一侧转移。而采空区的底板由于没有垂直方向约束，底板应力和变形会沿采空区底板释放，在一定程度上降低了巷道底板的水平应力。在充填沿空留巷工程中，由于充填区的垂直方向约束，巷道底板水平应力较大。因此可以在巷道底板开挖一定深度的沟槽，通过泄压槽吸收底板水平方向变形从而减小底板水平应力，达到控制底鼓的目的。

4.3.4 充填沿空留巷底鼓控制原则

根据以上分析结果，可对工程实践中充填沿空留巷工艺参数和底鼓控制方案设计提出以下建议：

（1）提高底板岩石力学特性

底板变形量随着底板岩石的弹性模量的增加而减小，同时，塑性区发育深度随着 C、φ 值的增加而减小。基于以上结果，可以通过对底板塑性区范围内的破碎软弱岩体进行注浆加固和修复，提高其弹性模量和 C、φ 值，从而达到减小底板塑性区发育深度，达到控制底板变形的目的[图 4-32(a)]。另外，可根据塑性区的发育深度和分布特征，合理设计底板注浆导管的长度、角度等参数。

（2）增加巷道底板最小主应力

巷道底板主应力均为压应力，且向巷道内部出现挤压作用。因此可以在底板浇筑反拱形混凝土，优化底板浇筑体的承载结构，提高其抗弯刚度。同时，针对不同条件下底板塑性区分布的计算结果，从反拱形底板向深部围岩打设锚杆，将锚固端固定在底板弹性区内，也就是说锚杆的长度应大于底板塑性区深度的计算值[图 4-32（b）]。由此可以将底板浇筑体和深部完整岩体结合成一个整体，通过锚杆的张紧对岩层挤压，增大底板最小主应力，从而优化底板的应力环境，减小巷道底鼓。

（3）减小巷道底板最大主应力

因为巷道底板水平应力是引起巷道底鼓最直接的外在因素，所以可以在底板设置泄压槽来减小巷道水平方向主应力[图 4-32（c）]。泄压槽的深度可以参照计算得到的最大水平应力卸压区的分布范围，另外，泄压槽应设置在靠近实体煤帮一侧。因为泄压槽为底板岩层在水平方向提供了两个自由面来释放变形。而泄压槽附近底板的水平位移是各个位置水平方向变形量的累加。在水平应力作用下，巷道底板最大水平位移应出现在泄压槽附近。因此，当泄压槽距离巷旁支护体距离较小时，会增大巷旁支护体下部的水平位移量，不利于巷旁支护体的稳定。

（4）优化底板上部载荷

通过提高充填液压支架向后方充填区的水平推压力，提高充填区内散体矸石的初期压实度，减小采空侧顶板的初期下沉量，从而减小实体煤侧顶板的"给定变形"，降低实体煤侧的应力集中系数 K。另外，在采空侧适当提高巷旁支护体的工作阻力。同时，通过调节液压支架的水平推压力，降低充填区靠近巷道一侧的支撑压力，以促使底板塑性区向采空区侧转移，为底板变形和应力释放提供新的渠道，有利于维护巷道内部底板的稳定。

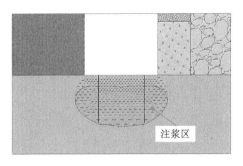

（a）底板注浆

图 4-32　采空区充填沿空留巷底鼓控制技术

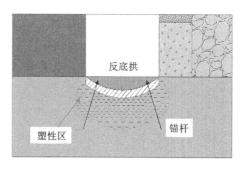

（b）底板反拱形浇筑

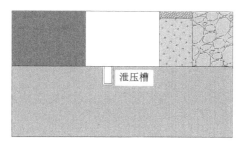

（c）底板泄压槽

图 4-32 （续）

4.4 本章小结

本章采用理论分析的手段,建立了深部大采高矸石充填综采沿空留巷力学分析模型,对充填沿空留巷覆岩变形规律、底鼓变形特征、巷旁支护体稳定性等问题进行了系统研究,得到以下结论:

（1）基于弹性地基理论,得到了充填沿空留巷顶板下沉量预测模型。通过关键参数分析,确定了充填区散体材料的承载特性是限制基本顶变形量的主控因素,巷旁支护阻力对基本顶变形的控制作用并不显著。基于此,提出了适用于深部大采高矸石充填沿空留巷的刚-柔结合巷旁支护结构。

（2）建立了充填区对巷旁支护体侧压力分析模型,推导了充填区散体矸石侧压力系数的解析表达式。通过对巷旁支护体的极限平衡状态分析,得到了巷旁支护体的回转失稳判据和滑移失稳判据。在此基础上,从理论分析的角度揭示了充填沿空留巷巷旁支护体变形规律。

（3）构建了复杂荷载条件下综采充填沿空留巷底板力学模型,求解得到了底板岩层应力场、位移场的解析表达式,揭示了底板主应力场和塑性区的分布规律。巷道底鼓量随着煤层埋深的增加而增加,随底板岩层弹性模量的增加而减小。巷道底板塑性区发育深度随底板岩层 C、φ 值和巷旁支护体支护阻力的增加而减小,随实体煤侧应力集中系数的增加而增加。

(4)结合现场地质条件,计算得到了充填沿空留巷底板的应力场和塑性区分布特征。结果表明:试验区底板塑性区发育深度为 2.68 m;巷道底板水平应力是引起巷道底鼓最直接的外在因素;实体煤侧应力集中系数、巷旁支护阻力等外在因素通过改变巷道底板水平应力,从而对巷道底板的破坏特征产生影响。

(5)基于理论分析结果,从提高底板岩层力学特性、调整底板主应力、优化底板上部荷载等方面入手,提出了深部大采高充填沿空留巷底鼓控制理论与技术。

5　综采矸石充填沿空留巷围岩变形机理

数值建模分析方法以其变量可控性好、结果直观等优势在矿压规律、岩层移动、围岩稳定性分析、多场耦合分析等方面得到广泛应用。本章结合现场采矿地质条件,采用数值模拟的方法,对矸石充填沿空留巷的矿压规律和围岩变形机理进行系统研究,进一步揭示巷旁支护参数对矸石充填沿空留巷围岩稳定性的影响规律。在此基础上,得到深部大采高充填沿空留巷围岩变形机理。

5.1　模型建立与方案设计

5.1.1　数值软件介绍

FLAC^{3D}用于模拟三维土体、岩体或其他材料体力学特性,尤其是达到屈服极限时的塑性流变特性,被广泛应用于地下洞室、隧道工程、矿山工程、支护设计及评价、施工设计、边坡稳定性评价、拱坝稳定分析等多个领域,已成为岩土力学计算中的重要数值方法之一。

FLAC^{3D}在采矿工程、岩土工程领域的数值分析方面的特点和优势主要体现在以下几个方面[198-200]:

(1) 包含 11 种材料本构模型

① 空单元模型;

② 三种弹性模型:各向同性、正交各向异性和横向各向同性;

③ 七种塑性模型:德鲁克-布拉格模型、莫尔-库仑模型、应变硬化和软化模型、多节理模型、双线性应变硬化和软化多节理模型、D-Y 模型、修正的剑桥模型。

每个单元可以有不同的材料模型或参数,材料参数可以分为线性分布或非线性分布。

(2) 有五种计算模式

① 静力模式:FLAC^{3D}的默认模式,即通过动态松弛方法获得表态解。

② 动力模式:用户可以直接输入加速度、速度或应力波作为系统的边界条件或初始条件,边界可以吸收边界和自由边界,动力计算可以与渗流问题相耦合。

③ 蠕变模式:有五种蠕变本构模型可供选择以模拟材料的应力-应变-时间关系:麦克斯韦模型、双指数模型、参考蠕变模型、黏塑性模型、碎岩模型。

④ 渗流模式:模拟地下水流、孔隙压力耗散以及可变孔隙介质与其间的黏性液体的耦合。渗流服从各向同性达西定律,液体和孔隙介质均被看作可变形体。考虑非稳态流,将稳定流看作是非稳定流的特例。边界条件可以是孔隙压力或恒定流,以模拟水源或井。渗流计算可以与静力、动力或温度计算耦合,也可以单独计算。

⑤ 温度模式:可以计算材料中的瞬态热传导以及温度应力。温度计算可以与静力、动力或渗流计算耦合,也可单独计算。

(3)可以模拟多种结构形式

① 对于通常的岩体、土体或其他实体,用八节点六面体单元模拟。

② FLAC³ᴰ的网格中可以有分解面,这种分解面将计算网格分割为若干部分,分界面两边的网格可以分离,也可以发生滑动,因此,分界面可以模拟节理、断层或虚拟的物理边界。

③ FLAC³ᴰ包含四种结构单元:梁单元、锚单元、桩单元、壳单元,可用来模拟岩土工程中的人工结构,如支护、初砌、锚索、岩栓、摩擦桩、板桩等。

(4)有多种边界条件

边界方位可以任意变化,边界条件可以是速度边界、应力边界,单元内部可以给定初始应力,节点可以给定初始位移、速度等,还可以给定地下水位以计算有效应力,所有给定量都可以具有空间梯度分布特征。

(5)可以自定义参数和函数

FLAC³ᴰ内嵌了功能强大的 Fish 编程语言,可以根据不同领域和工程背景用户的特殊需要自定义参数和函数。通过掌握 Fish 语言编程设计方法,可以实现自定义材料分布规律、设计针对用户的自定义单元形态、试验过程的伺服控制、自动分析参数等功能。

5.1.2 数值模型的建立

(1)采矿地质条件

试验矿井位于山东省境内,试验区地面标高 +32.93~+33.08 m,井下标高 −642~−636 m;构造为北高南低的单斜构造。预计煤岩层在掘进方向角度为 0°~3°,主采 3 下煤,硬度系数 1~2,厚 3.08~4.10 m,平均厚度 3.6 m,属于稳定的厚煤层,走向近 EW,倾向 S,倾角 0°~3°。3 下煤底板为泥岩、中砂岩、细砂岩,3 下煤顶板为粉砂岩、中砂岩;3 下煤层二氧化碳相对涌出量为 0.417 m³/t,瓦斯相对涌出量为 0.25 m³/t,煤尘爆炸指数为 41.15%,煤层自然发火期为 3~6 个月。地质柱状图如图 5-1 所示。

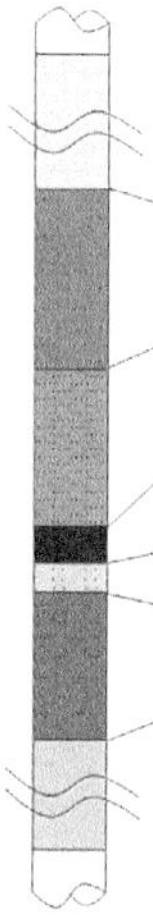

厚度/m	岩性	岩性描述
20	中砂岩	含岩屑、长石和镁铁质矿物，坚硬
20	粉砂岩	局部含粉砂岩或泥岩，水平层理，裂隙发育
3.6	煤	黑色，金属光泽
3	泥岩	黑灰色，含植物化石
18	中砂岩、细砂岩	深灰色，裂隙发育

图 5-1 现场地质柱状图

（2）模型尺寸设计

以试验区地质条件为背景，建立综采矸石充填沿空留巷数值模型，如图 5-2
所示。

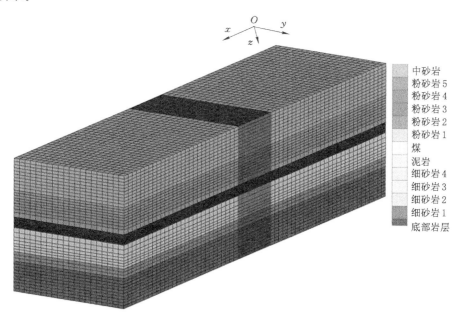

图 5-2 综采矸石充填沿空留巷数值模型

图 5-2 中模型尺寸为 320 m×80 m×83.6 m,其中沿竖直方向煤层厚度为 3.6 m,0～19 m 为底板细砂岩,19～37 m 为粉砂岩,37～40 m 为泥岩,43.6～ 63.6 m 为粉砂岩,63.6～83.6 m 为中砂岩。巷道断面尺寸(宽×高)为 4 m× 3.6 m,沿 x 方向布置在距离模型左边界 160 m 处。数值模型将岩体、煤层及充填区近似为均质、连续、各向同性的介质,仅考虑岩体自重应力,忽略构造应力的影响。

(3) 边界条件选择

数值模型的边界条件设置如图 5-3 所示。

① 模型四周边界施加水平约束,即边界水平位移为零。

② 模型底部边界施加垂直约束,即底部边界垂直位移为零。

③ 模型底部施加上覆岩层的等效载荷,即自重应力。自重应力的等效载荷 σ_z 按式(5-1)得到:

$$\sigma_z = \gamma H \qquad (5\text{-}1)$$

式中　γ——上覆岩层的平均重力密度,kN/m,取 25 kN/m;

　　　H——模型上边界距地表的深度,m。

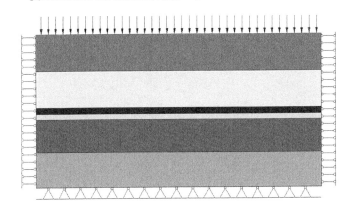

图 5-3　综采矸石充填沿空留巷数值模型边界设置

(4) 模型参数设计

根据第 2 章、第 3 章得到的煤岩试样和矸石混凝土的力学特性,结合数值模拟方法,对各岩层的模拟参数进行了标定和合理赋值。岩层和煤层本构模型选用莫尔-库仑模型。根据第 4 章提出的刚-柔结合巷旁支护体的思路,分别设置了柔性和刚性巷旁支护体。

充填区矸石采用整体等效方法处理:FLAC³ᴰ无法完全模拟工作面推进过程中采空区的颗粒滑移、分布等散体介质。而在充填开采过程中,对于顶板的控制作用主要是由充填区矸石的整体承载特性决定的。因此,在分析整个采场的矿压规律时,可对大尺度模型中的充填区进行整体等效处理。采空区充填过程中,综采液压支架对工作面后方充填体进行推压捣实,这一阶段可以释放自然松散散体的大部分变形,提高密实度,达到对充填散体进行初步压实的效果。结合第2章图2-7可以得到,破碎矸石在压实试验过程中,当载荷大于2 MPa以后,应力-应变曲线可以近似为线性关系。因此,考虑充填区散体的初步压实作用,选取莫尔-库仑模型对充填区矸石进行整体等效处理,同时对2 MPa的破碎矸石力学特性曲线进行标定。数值模型中煤(岩)体物理力学参数见表5-1。

表 5-1　数值模型中煤(岩)体物理力学参数表

序号	岩石	μ	B /GPa	S /GPa	C /MPa	φ /(°)	ρ /(kg/m³)
1	矸石混凝土	0.25	0.555	0.417	10	28	2 500
2	柔性充填物	0.30	2.1×10^{-3}	9.5×10^{-4}	10	28	1 500
3	矸石充填区	0.30	0.210	9.5×10^{-2}	2	28	1 500
4	中砂岩	0.20	19.400	14.600	4	28	2 581
5	粉砂岩	0.25	10.700	8.200	2	30	2 615
6	煤	0.28	2.650	1.370	1	28	1 400
7	泥岩	0.18	6.250	5.080	1	32	2 200
8	细砂岩	0.15	21.400	19.600	4	35	2 300

5.1.3　模拟方案设计

模型开采步骤:模型经过初始平衡后开挖巷道,然后对巷道右侧煤层沿 y 方向进行分步开挖,y 方向开采距离 80 m,每步开挖 5 m,共开挖 16 步。煤层开采过程中,对采空区进行同步充填,同时在巷道右侧构筑巷旁支护体。

模型开采过程中主要监测和分析以下几个方面内容:

(1) 充填区下沉量和内部垂直应力场在工作面推进过程中的演化特征。

(2) 各层位顶板岩层下沉量与巷旁支护体、采空区充填材料间耦合作用。

(3) 留巷过程中巷道围岩变形特征和稳定性分析。

(4) 充填区充填材料对巷旁支护结构侧向压力的分布规律。

(5) 根据巷旁支护体的应力分布、变形特征和其内部弹性应变能演化规律,提出巷旁支护体合理参数设计依据。

在巷旁支护体相关参数分析过程中,主要考虑巷旁支护体柔性垫层厚度和巷旁支护体宽度对留巷围岩稳定性的影响。以巷旁支护宽度 2.0 m,柔性垫层厚度 200 mm 为基本方案,采用控制单一变量的方法设计模拟方案。具体模拟方案见表 5-2,设置巷旁支护体宽度分别为 1.6 m、2.0 m、2.4 m、2.8 m、3.2 m 共5 个方案;柔性垫层厚度分别为 0 m、0.1 m、0.2 m、0.3 m、0.4 m、0.5 m、0.6 m 共7 个方案。

表 5-2　数值模型方案设计　　　　　　　　　　　　单位:m

因素	水平 1	水平 2	水平 3	水平 4	水平 5	水平 6	水平 7
巷旁支护体宽度	1.6	2.0	2.4	2.8	3.2	—	—
柔性垫层厚度	0	0.1	0.2	0.3	0.4	0.5	0.6

5.2　矸石充填沿空留巷岩层变形规律分析

5.2.1　工作面推进过程中充填区承载特征分析

造成充填开采沿空留巷与垮落法管理顶板的沿空留巷在矿压规律上存在差异的根本原因在于采空区充填后,充填区对顶板的承载作用。因此,研究工作面开采过程中充填区应力演化规律是分析充填沿空留巷围岩稳定性的基础。图 5-4 所示为工作面推进 40 m 时,充填区垂直应力场分布云图,图中所示颜色应力梯度为1 MPa。

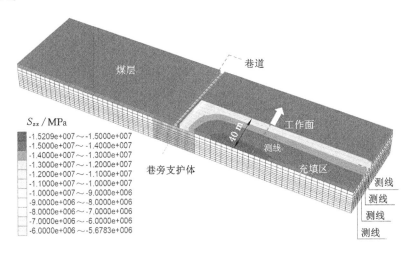

图 5-4　充填区上表面垂直应力分布特征及测点布置

由图 5-4 中可以看出,随着工作面的推进充填区应力呈现出递增规律。从数值可以看出,在距离工作面一定范围的充填区垂直应力值小于原岩应力,处于卸压区。随着远离工作面,充填区垂直应力逐渐恢复。沿工作面倾向,巷旁支护体距离的增加,充填区垂直应力逐渐增加(图中棕色部分表示巷旁支护体结构,不代表巷旁支护体内垂直应力分布);从卸压区的分布范围上来看,充填区沿工作面倾向的卸压区分布范围与走向基本一致。充填区垂直应力在距离工作面 15～20 m 的范围基本稳定,应力变化幅度仅为 0.2 MPa 左右。在工作面端头部存在明显三角区,三角区内顶板荷载并没有充分传递到充填区,说明基本顶能够承受一定荷载。在充填区内远离工作面 25 m 的区域,存在局部承载核区,但是核区应力集中水平较低。

　　为了研究工作面推进过程中,充填区支撑压力随推进距离的变化规律,在充填区沿工作面推进方向布置测线。监测结果如图 5-5 所示。

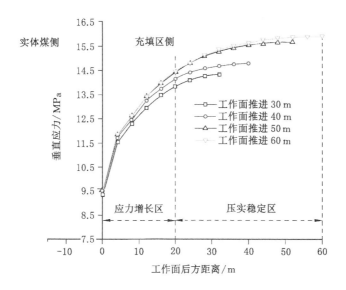

图 5-5　充填区支撑压力随推进距离的变化规律

　　充填区支撑压力随工作面推进距离的演化规律曲线可以看出,工作面后方充填区内垂直应力随着推进距离的增加而增加。工作面推进 30 m 时,充填区在紧靠工作面处为应力最低点 9.34 MPa,向工作面后方逐渐增长至 14.21 MPa。工作面推进 40 m 时,充填区在紧靠工作面处的垂直应力基本不变,向工作面后方逐渐增长为 14.38 MPa;并且在 0～20 m 范围内应力增长速度显著高于 20 m 以外的范围。工作面推进 50 m 时,在 0～20 m 的应力增长区垂直应力的增长速度较高,应力由 9.51 MPa 增长至 14.49 MPa;在大于 20 m 的区域内应力缓慢增长,并且趋于稳定;50 m 处垂直应力稳定在 15.40 MPa 左右;20～50 m 范围内的垂直应力增长量仅为 0～20 m 垂直应力增长量的 18.3%。工作面推进 60 m 时的垂直应力变化趋势与工作面推进 50 m 时相似,0～20 m 的范围内应力由 9.60 MPa 增长至 14.56 MPa,60 m 处垂直应力稳定在 15.60 MPa 左右;20～50 m 范围内的垂直应力增长量为 0～20 m 增长量的 19.8%。

由此可见,工作面推进过程中,按照支撑压力的分布特征可以将充填区划分为两部分:应力增长区和压实稳定区。应力增长区范围大致为充填区边界至工作面后方 20 m,在此区域内应力沿工作面走向迅速升高,本阶段的应力增长量占充填区应力增长总量的 83.3%;压实稳定区范围为工作面后方 20 m 以外,在此区域内垂直应力缓慢增长并逐渐趋于稳定,本阶段的应力增长量占充填区应力增长总量的 16.7%。与垮落法管理顶板的开采方式相比,采空区充填后,其内部支撑压力的恢复速度较快,充填区内卸压范围显著减小。

在掌握沿工作面走向充填区内部垂直应力演化规律的基础上,需要进一步分析充填区沿倾向的应力分布特征。为此,沿工作面推进方向每间隔一定距离,沿倾向取竖直剖面(测面布置如图 5-4 所示),分析充填区应力场演化规律。图 5-6 为充填区沿倾向竖直剖面应力分布情况。

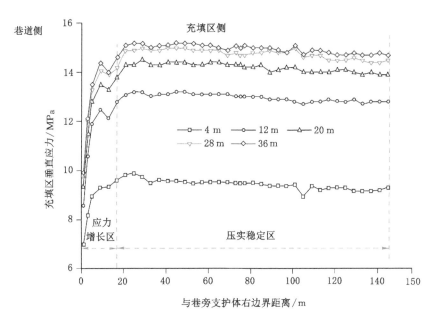

图 5-6　充填区沿倾向竖直剖面应力分布

图 5-6 为滞后工作面距离分别为 4 m、12 m、20 m、28 m、36 m 的充填区倾向应力分布曲线(测线布置如图 5-4 所示)。由图中可以看到充填区内垂直应力沿倾向分布的整体规律:随着与巷旁支护体距离的增加,充填区内垂直应力呈现出先增加后稳定的趋势。因此,按照垂直应力沿倾向的分布特征,同样可以将充填区划分为应力增长区和压实稳定区。随着滞后工作面距离的增加,应力增长区和压实稳定区沿倾向的分布范围基本不变。

充填区沿倾向应力增长区主要分布在巷旁支护体右侧 17 m 范围内,该区域内充填区垂直应力随着与巷旁支护体距离的增加呈现出急剧增加的趋势:工作面后方 4 m 的测线垂直应力由 6.89 MPa 增长到 9.32 MPa;工作面后方 12 m 的测线垂直应力由 8.61 MPa 增长至 9.22 MPa;工作面后方 20 m 测线垂直应力由 9.32 MPa 增长至 13.86 MPa;工作面后方 28 m 测线垂直应力由 9.82 MPa 增长至 14.20 MPa;工作面后方 36 m 测线垂直应力由 9.91 MPa 增长至 14.54 MPa;五条测线在倾向垂直应力增长区内应力增长量分别为 35.3%、48.8%、48.7%、44.6%、46.7%。

由此可见:① 在工作面后方 12 m 以外的范围内,充填区内垂直应力的增长比例基本相同,分布规律基本一致。说明在此范围内,充填区支撑荷载的变化主要是由于采空区后方整体应力水平的变化引起,充填区顶板沿倾向的活动基本完成并保持稳定;② 综采充填沿空留巷工作面端头三角区影响范围在 12 m 以内;③ 随着滞后工作面距离的增加,巷旁支护体右侧充填体的垂直应力分布呈现出非线性的变化规律。因此,在散体侧压力系数一定的情况下,充填区对巷旁支护体的侧向压力也应分阶段考虑。

充填区沿倾向压实稳定区主要分布在巷旁支护体右侧 17 m 以外的范围,该区域充填区内垂直应力随着与巷旁支护体距离的增加保持不变:工作面后方 4 m、12 m、20 m、28 m、36 m 五条测线在压实稳定区的垂直应力分别稳定在 9.32 MPa、9.22 MPa、14.18 MPa、14.88 MPa、15.04 MPa。随着工作面距离的增加,充填区最终的支撑荷载保持不变。

5.2.2　工作面推进过程中工作面矿压规律

综采充填沿空留巷过程中,充填区对顶板的支撑作用限制了顶板的变形,保持了顶板的完整性;同时对工作面矿压规律和留巷围岩的稳定性有着重要影响。在工作面的矿压规律方面,需要分析不同层位顶板的变形和应力特征,推演顶板支承结构。通过对整体大结构的研究,为巷道围岩小结构的变形机理分析提供指导和依据。图 5-7 为充填沿空留巷直接顶应力分布规律曲面图。

由图 5-7 所获取的数据为下位直接顶垂直应力,可以看到:直接顶的垂直应力在邻近工作面顶板、本工作面超前实体煤顶板、巷道顶板、巷旁支护体顶板和

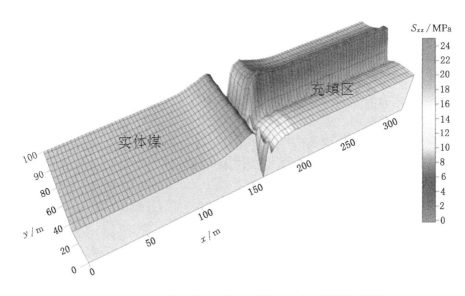

图 5-7　充填沿空留巷直接顶垂直应力分布规律曲面图

采空区顶板呈现出不同的特点。在超前工作面部分:直接顶出现明显的超前压力,超前压力峰值小于 1.5 倍的原岩应力,超前压力显现并不剧烈。在超前压力影响范围以外,垂直应力逐渐恢复为原岩应力;在工作面前方巷道部分:巷道顶板在开挖卸荷作用下,垂直应力急剧降低,并引起巷道两侧实体煤帮的垂直应力升高,应力峰值在巷帮 5 m 范围内,两侧实体煤帮应力集中系数为 1.30;在工作面端头位置:顶板应力集中系数最大,煤层承受来自工作面后方和巷道采空侧回转顶板的双重荷载,在应力的叠加效应下,端头三角区荷载较大,造成巷道端头顶板的应力集中现象显著;在工作面后方沿空留巷部分:巷道左侧实体煤帮的应力峰值与超前工作面部分的巷道侧向应力峰值基本一致,沿空留巷上部顶板承受的垂直应力比相邻的采空区大,在巷旁支护体上方出现了局部的应力集中现象,但是从数值上来看,巷旁支护体承受的顶板荷载小于充填压实稳定区的垂直应力,说明巷旁支护体起到了显著的支撑作用,但并没有作为支撑顶板的核心结构。巷旁支护体右侧的充填区处于低应力区(即充填区沿倾向的垂直应力增长区),考虑到充填矸石的散体流动性,将该区域垂直应力控制在合理水平有利于降低充填区对巷旁支护体的侧压力。

　　充填沿空留巷工作面的超前压力与垮落法管理顶板的沿空留巷差异显著。因此,需要对工作面推进过程中超前压力的分布特征和演化过程(图 5-8)进一步分析。

　　图 5-8 为工作面推进过程中超前压力的分布特征和演化过程曲线,由图中

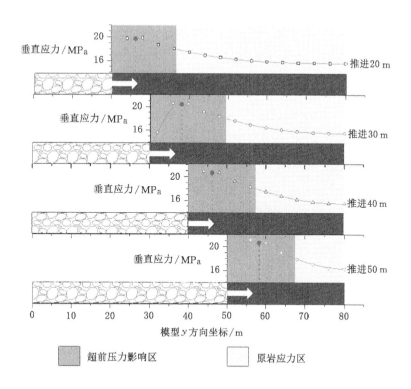

图 5-8　推进过程中工作面超前压力分布特征和演化规律

可以看到:工作面推进 20 m 时,工作面超前压力峰值位于工作面前方 6 m 处,超前应力峰值为 19.7 MPa,超前压力集中系数为 1.23,超前压力影响范围为 15 m;工作面推进 30 m 时,工作面超前压力峰值位于工作面前方 8.5 m 处,超前应力峰值为 20.3 MPa,超前压力集中系数为 1.27,超前压力影响范围为 20 m;工作面推进 40 m 时,工作面超前压力峰值位于工作面前方 6 m 处,超前应力峰值为 21.1 MPa,超前压力集中系数为 1.31,超前压力影响范围为 17.5 m;工作面推进 50 m 时,工作面超前压力峰值位于工作面前方 8.5 m 处,超前应力峰值为 20.7 MPa,超前压力集中系数为 1.29,超前压力影响范围为 18 m。

　　从工作面的超前应力集中程度来看:超前应力集中系数为 1.23~1.31,仅为一般垮落开采应力集中系数的一半左右,说明工作面超前压力显现并不剧烈;从超前压力影响区的范围来看:超前压力影响范围为 15~20 m,影响范围较小;从应力峰值的位置来看:工作面超前压力峰值位于工作面前方 6~8.5 m。

　　综上,工作面超前压力显现相对缓和,超前压力的峰值大小和超前压力影响范围的周期性均不明显,但是应力峰值分布位置具有一定的周期性波动。由此,可以认为充填沿空留巷工作面后方基本顶在充填区的支撑作用下,不发生周期性的破断,仅会出现周期性回转、稳定的状态切换。因此,对基本顶的应力分布和运移规律需要进一步的分析和验证。图 5-9 所示为充填沿空留巷基本顶垂直应力分布规律曲面着色图。

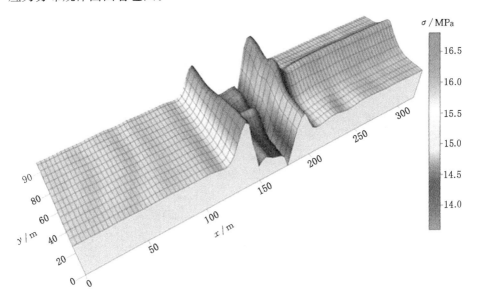

图 5-9　充填沿空留巷基本顶垂直应力分布规律曲面图

由图 5-9 可以看到:充填沿空留巷基本顶的垂直应力分布规律与直接顶有明显的不同。主要体现在以下几个方面:

(1) 基本顶各位置的垂直应力集中程度均有降低。工作面端头上部基本顶的垂直应力达到 16.93 MPa,与直接顶相比显著降低;工作面前方巷道两帮、顶板垂直应力同样有所降低,且应力峰值位置向实体煤深部转移。

(2) 巷道上部基本顶垂直应力整体升高,达到 13～15 MPa 的水平。这主要是由于顶板为连续梁结构,未发生破断,随着顶板层位的升高,巷道开挖的卸荷效应减小所致。

(3) 巷旁支护体右侧充填区基本顶(x 为 180～190 m)出现新的高应力区域。

(4) 随着工作面的推进,留巷左侧实体煤内的应力与工作面前方相比有一定升高趋势。

(5) 巷旁支护体上部顶板处于基本顶的低应力区。图中巷旁支护体位于 x 方向 164～166 m 的范围内,与直接顶垂直应力分布规律不同,该区域的基本顶垂直应力明显低于左侧实体煤和右侧充填区内的垂直应力。

由此说明基本顶垂直应力比直接顶更加趋于均匀,但是由基本顶垂直应力的分布规律来看,巷旁支护体并不是充填沿空留巷工作面后方留巷段的基本顶上部荷载的承载主体。沿空留巷上方一定范围内基本顶回转后,形成了以左侧实体煤和右侧充填区(x 为 $180\sim190$ m)为主要承载体的超静定连续梁结构。可以认为,巷旁充填体上部直接顶的应力集中(图 5-7)主要是巷旁支护体承担的直接顶岩层自重荷载和开采扰动带来的岩层剪胀、扩容、离层等原因造成的。因此,在巷旁支护体的结构设计时,应充分考虑巷旁支护体的可缩量与顶板变形的协调性。

通过分析不同层位顶板垂直应力场的演化过程,得到了充填沿空留巷顶板的承载结构。为了进一步了解顶板的运移规律,取不同层位顶板的垂直位移曲面为研究对象,更加直观地剖析顶板的变形特征。图 5-10 为充填沿空留巷不同层位顶板垂直位移情况。

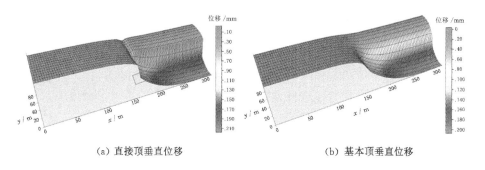

(a) 直接顶垂直位移　　　　　　　　　　　(b) 基本顶垂直位移

图 5-10　充填沿空留巷顶板垂直位移曲面图

由图 5-10(a)所示的充填沿空留巷直接顶垂直位移可以看出:工作面前方和巷道左侧实体煤上部顶板的垂直位移量均较小,仅在与开挖交界区域出现少量位移。沿工作面推进方向,工作面后方直接顶出现明显下沉并迅速达到稳定状态,说明直接顶与充填区矸石接触形成支撑结构,充填区的及时支撑限制了直接顶的进一步下沉。另外,在巷旁支护体两侧直接顶出现了显著的弯曲下沉。可以看到巷道上方直接顶在开挖卸荷作用下出现一定的局部下沉:工作面前方巷道在两侧实体煤的共同支撑作用下,直接顶在巷道两侧的位移规律基本一致;工作面后方留巷顶板下沉规律出现与工作面推进方向煤壁顶板不同,沿空留巷直接顶垂直位移向充填侧的过渡更加平缓,说明巷旁支护体的支撑作用有效限制了直接顶的垮落,留巷右侧直接顶垂直位移出现的拐点也可以佐证这一观点。直接顶在留巷上方的平缓过渡一方面降低了巷道的顶板变形,另一方面降低了巷旁支护体外侧充填体上部的荷载,对降低充填区巷旁支护体的侧向压力有重要作用。因此,巷旁支护体对巷道围岩小结构的稳定性控制起到至关重要的作用。

由图 5-10(b)所示的充填沿空留巷基本顶垂直位移可以看出:基本顶变形在沿工作面推进方向和垂直于推进方向的规律基本一致,基本顶分别在工作面和巷道边缘处开始出现向充填区回转变形。基本顶的回转变形阶段为近似直线,并没有受巷旁支护体支撑作用的影响。

综合图 5-7、图 5-9 和图 5-10 的分析结果,可以推断充填沿空留巷顶板变形符合以下规律:

(1)基本顶上部荷载主要由充填区和煤壁共同支撑,充填矸石的压实变形决定了基本顶的回转特征。基本顶通过自身的回转给下部巷道顶板施加给定变形,决定了岩层大结构的变形基本规律。

(2)直接顶在工作面回采后,在采空区触矸后得到有效支撑,限制了后期变形。

(3)巷旁支护体的局部承载对基本顶变形的控制作用较小,因此,巷旁支护体的设计需要考虑对基本顶"给定变形"的适应性。

(4)巷旁支护体对留巷围岩小结构稳定性的重要作用主要体现在两个方面:第一,有效限制了直接顶在给定变形的基础上由于自身的剪胀、离层等因素产生的附加变形;第二,通过对直接顶的局部支撑,减小了巷旁支护体外侧一定范围充填区的垂直应力,从而达到了降低巷旁支护体侧压力的效果。

5.2.3 工作面推进过程中留巷围岩变形规律

(1)巷道垂直位移演化规律

深部大采高综采矸石充填沿空留巷的围岩小结构的变形具有明显的阶段性。图 5-11 所示为矸石充填沿空留巷工作面在充分采动的条件下,巷道表面(顶底板)垂直位移随超前工作面距离的演化规律。

巷道顶底板垂直位移从超前工作面 30 m 到滞后工作面 50 m 的范围内呈现出逐渐增大的特征。整个阶段巷道顶板下沉量由 22.5 mm 增加至 62.9 mm,增加量为 40.4 mm,占顶底板移近量的 60.6%;底板变形量由 7.1 mm 增加至 33.3 mm,增加量为 26.2 mm,占顶底板移近量的 39.4%。从巷道收敛变形速度特征的角度可以将巷道划分为四个区域,分别为:原岩应力区、超前影响区、留巷变形区、留巷稳定区。

其中,原岩应力区主要分布在超前工作面距离大于 5 m 的范围,该阶段巷道顶底板的变形主要由巷道开挖卸荷作用引起。该区域受采动影响较小,虽然靠近工作面局部处在超前压力的作用范围内,但是由于充填开采超前压力的应力集中水平整体较低,超前压力的作用并未反映到巷道围岩的变形上。该阶段

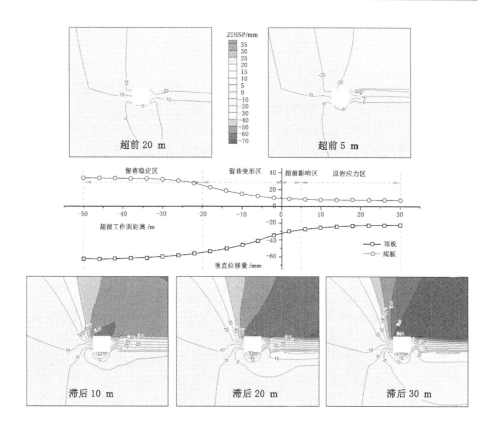

图 5-11　巷道顶底板垂直位移随超前工作面距离的演化规律

巷道变形的特点是基本稳定,顶板下沉量为 22.5 mm,底鼓量为 5.7 mm,变形主要体现为顶板的下沉,底鼓量较小。由超前工作面 20 m 的巷道围岩垂直位移云图可以看到,此时巷道顶板均匀变形,底鼓主要发生在浅部的底板岩层。巷道顶板的垂直位移最大,且由两帮向底板递减,底板大部分区域位移量为 0,说明围岩受采动影响较小。

超前影响区主要分布在超前工作面 0~5 m 的范围,该阶段巷道在工作面超前压力峰值的影响下出现少量变形,巷道顶板下沉量由 22.5 mm 增加至 31.2 mm,占顶板下沉总量的 21.5%;底鼓量由 7.1 mm 增加至 9.2 mm,占底鼓变形总量的 8%。由超前工作面 5 m 的巷道围岩垂直位移云图可以看到,此阶段的巷道围岩垂直位移量的变化主要由工作面实体煤顶板在超前压力的影响下,顶板向工作面实体煤一侧发生少量回转,此时巷道顶板发生不均匀下沉,右侧下沉量大于左侧。同时,底鼓发生范围有所增大,底鼓量基本不变。

留巷变形区主要分布在滞后工作面 0～20 m 的范围(图 5-11 中－20～0 m),该区域由于工作面的开采,顶板主要承载体由实体煤变为采空区充填体,顶板活动相对强烈,造成留巷初期巷道收敛变形剧烈。这一特征反映出了沿空留巷在应力重新分布过程中巷旁支护体从吸收变形到逐渐支撑稳定的演变过程。该阶段留巷顶板下沉量由 31.2 mm 增加至 55.4 mm,占顶板下沉总量的 59.9%;底鼓量由 9.2 mm 增加至 26.5 mm,占底鼓变形总量的 66%。为了演示留巷变形区的位移演变过程,分别取滞后工作面 10 m 和 20 m 的巷道围岩垂直位移云图进行分析。由滞后工作面 10 m 云图可以看出,巷道顶板回转变形量进一步加大,顶板岩层在留巷左侧顶角一定范围内变化梯度逐渐增加,说明该区域为直接顶的回转变形起始区域。在滞后工作面 20 m 的位置,巷道右侧呈现出整体变形的特征。在顶板的剧烈变形过程中,巷旁支护体的下部刚性部分的支撑作用和上部柔性垫层的吸收变形作用较明显,底板最大变形量进一步增大,底鼓发生的范围有所增加。由滞后工作面 10 m 到滞后工作面 20 m 的过程中,采空区底板发生了一定程度的底鼓变形。

留巷稳定区主要分布在滞后工作面 20 m 以外的范围,该阶段在充填区的充分支撑作用下,应力重新分布基本完成,巷道变形趋于稳定。该阶段留巷顶板下沉量由 55.4 mm 增加至 62.9 mm,占顶板下沉总量的 18.6%;底鼓量由 26.5 mm 增加至 33.3 mm,占底鼓变形总量的 36%。由此可见,该阶段巷旁支护体和充填区充分压实后,底板的变形量增量较大,说明在沿巷道轴向的空间分布上,充填开采沿空留巷底鼓变形滞后于顶板变形。由滞后工作面 30 m 的巷道围岩垂直位移云图可以看到,该阶段巷道围岩的垂直位移与滞后工作面 20 m 位置基本一致,但仍存在一些显著区别,主要是由于底板深部变形范围的进一步扩大。

(2)巷道水平位移演化规律

图 5-12 为矸石充填沿空留巷工作面在充分采动的条件下,巷道表面(两帮)水平位移随超前工作面距离的演化规律。

矸石充填沿空留巷工作面,巷道表面(顶底板)垂直位移随超前工作面距离的阶段性变化在巷道两帮水平位移的规律上同样有所体现,原岩应力区、超前影响区、留巷变形区、留巷稳定区的四个阶段的演变特征也基本适用。巷道两帮水平位移从超前工作面 30 m 到滞后工作面 50 m 的范围内呈现出逐渐增大的特征。整个阶段巷道左帮变形量由 31.9 mm 增加至 46.2 mm,增加量为 14.2 mm,占两帮移近量的 32.9%;右帮变形量由 45.3 mm 增加至 74.2 mm,增加量为 28.9 mm,占两帮移近量的 67.1%。

对比图 5-11 和图 5-12 可知,巷道顶底板和两帮变形量的分区分布范围基本一致。原岩应力区的巷道两帮变形基本稳定,主要原因为巷道开挖效应造成

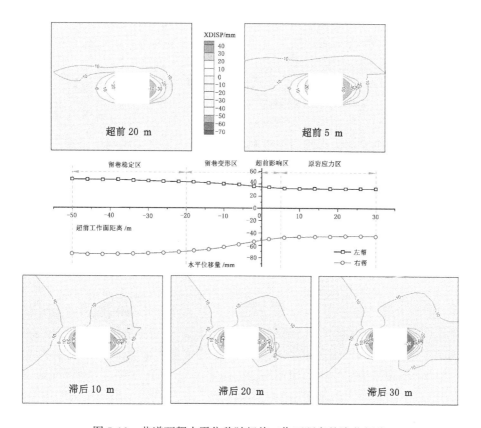

图 5-12　巷道两帮水平位移随超前工作面距离的演化规律

表面收敛。左帮起始变形量为 31.9 mm，右帮起始变形量为 45.3 mm，该阶段两帮移近量大于顶底板移近量。由超前工作面 20 m 的巷道围岩水平位移云图可以看到，巷道水平位移主要发生在巷道两帮一定深度范围以内。

超前影响区两帮变形量出现缓慢增加趋势，左帮变形量由 31.9 mm 增加至 35.7 mm，占左帮变形总量的 26.6%；右帮变形量由 45.3 mm 增加至 50.0 mm，占右帮变形总量的 16.3%。由超前工作面 5 m 的巷道围岩水平位移云图可以看到，该阶段巷道围岩水平位移分布规律基本不变，与原岩应力区相比，区别主要表现在巷道两帮的表面变形有少量增长。

留巷变形区是巷道两帮水平变形发展最剧烈的阶段，巷道左帮变形量由 35.7 mm 增加至 43.1 mm，占左帮变形总量的 52.1%；巷道右帮变形量由 50.0 mm 增加至 71.1 mm，占右帮变形总量的 73%。由滞后工作面 10 m 和 20 m 的巷道围岩水平位移云图可以看到，巷道围岩的水平位移在该阶段的发展特征表现为:围岩变形的影响范围基本不变,集中在巷道两帮深度 2 m 范围,在该范围内水平位移的变化梯度显著增大,最终表现为巷道两帮的表面变形的增大。

留巷稳定区内巷道两帮水平变形量基本不变,巷道左帮变形量由 43.1 mm 增加至 46.2 mm,占左帮变形总量的 21.8%;巷道右帮变形量由 71.1 mm 增加至 74.2 mm,占右帮变形总量的 10.7%。

总体来看,在矸石充填沿空留巷的回采过程中,巷道两帮移近量大于顶底板移近量,并且在充填区对巷旁支护体的侧向压力作用下,右帮的收敛变形明显大于左帮的收敛变形。因此,在留巷变形区及后方一定范围内,需要针对巷旁支护体的稳定性进行相应的临时加强支护,一方面利用单体支柱辅助支撑顶板,提高直接顶变形的连续性,避免直接顶发生离层和破碎;另一方面对巷旁支护体进行必要的侧向临时支撑,同时采用必要的挡矸措施控制破碎矸石的侧向运动,限制巷旁支护体在早龄期条件下的变形。

图 5-13 所示为工作面前方 15 m 至后方 30 m 的巷道围岩应力分布情况。可以看出,在超前工作面 15 m 处,巷道围岩受超前压力影响较小;应力分布的主要特点体现为巷道周围一定范围内的应力降低,主要由表面岩体进入塑性状态所致。在超前工作面 5 m 处,受工作面超前压力的影响,巷道右侧煤体的垂直应力较低,主要受工作面煤壁超前范围内的塑性区和破碎区的影响;而在巷道

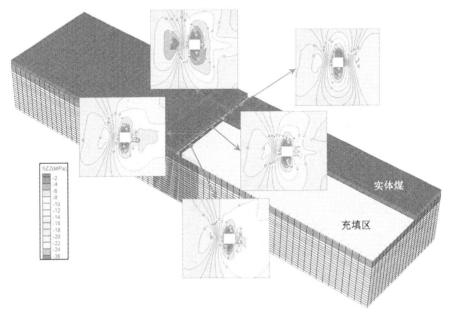

图 5-13　巷道围岩垂直应力分布图

左侧 5～6 m 的范围内出现了巷道侧向应力集中区;工作面后方 10 m 处巷旁支护体的垂直应力较低。结合图 5-13 的分析结果可知,工作面端头三角板的支撑作用主要体现在工作面后方 0～12 m 的范围,因此,10 m 处的低水平的垂直应力主要是由工作面端头三角板的支撑作用引起的。工作面后方 20 m 处的巷旁支护体的垂直应力比 10 m 处有所增加,并且与工作面后方 30 m 处的垂直应力基本相等,说明此时巷旁支护体的支护阻力基本稳定。

5.3　巷旁支护体关键参数和能量演化分析

上一节主要对深部大采高条件下充填沿空留巷的围岩变形规律和机理进行了系统分析,揭示了充填区的变形特征、不同层位顶板的支撑结构和巷道围岩小结构的稳定性演化过程。在对巷旁支护体的承载特性和控制原理分析的基础上,为了深入研究刚-柔结合巷旁支护体的承载特性和参数影响规律,进而提出巷旁支护体关键参数的设计方法,需要对巷旁支护体的水平侧压力、整体稳定性和内部能量演化过程等问题进一步分析。

5.3.1　刚-柔结合巷旁支护体柔性垫层厚度效应

由于综采充填沿空留巷基本顶给定变形作用明显,并且矸石混凝土和充填区矸石的等效刚度差异大,导致二者变形不协调。根据巷旁支护体的承载原理,其主要起到支撑直接顶的岩层荷载和隔挡充填区矸石的作用。因此,通过在巷旁支护体顶部设置柔性垫层可以起到吸收变形的作用,达到让压保护矸石混凝土挡土墙的效果。柔性垫层的厚度作为巷旁支护体设计的重要参数,对直接顶的变形、刚性巷旁支护体的支撑荷载、邻近充填区的压实程度、矸石混凝土墙体所受的侧向压力等都具有重要影响,与巷旁支护体的整体稳定性甚至留巷的效果密切相关。

（1）垫层厚度对巷道顶板变形的影响规律

柔性垫层的厚度对顶板岩层的下沉规律具有最直接的影响。为了研究柔性垫层在顶板岩层控制中的作用机理,首先应分析柔性垫层厚度对巷旁支护体上部直接顶和基本顶下沉量的影响,如图 5-14 所示。

由图 5-14 可以看出,柔性垫层厚度在 0～60 mm 范围变化过程中,直接顶和基本顶的下沉量随着垫层厚度的增加均表现出下降趋势。但是,两条曲线的变化规律又存在其自身的特点:

① 柔性垫层分别为 0 mm、100 mm、200 mm、300 mm、400 mm、500 mm、600 mm 的 7 个方案中,巷旁支护体上部基本顶的下沉量最大为 84.2 mm(柔性垫层厚度为 600 mm),最小为 82.0 mm(无柔性垫层)。直接顶下沉量最大为

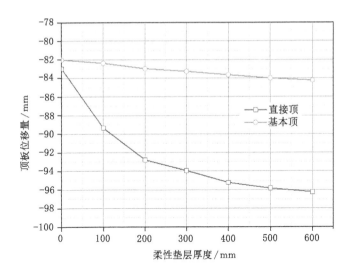

图 5-14　柔性垫层厚度对顶板下沉量的影响规律曲线

96.2 mm(柔性垫层厚度为 600 mm),最小为 82.9 mm(无柔性垫层)。对比可知,由柔性垫层厚度变化引起的基本顶下沉改变量仅为直接顶下沉改变量的 16.5%。由此可见,柔性垫层厚度的改变对基本顶下沉量的影响不大,直接顶下沉量对柔性垫层厚度较敏感。

基本顶的变形特征说明:在充填沿空留巷过程中,巷旁支护体的柔性垫层厚度对基本顶变形的控制作用不明显,巷旁支护体对顶板的局部支撑作用无法改变基本顶的回转变形规律。

② 由直接顶下沉量随柔性垫层厚度的变化规律可以看到:直接顶下沉量随柔性垫层厚度的变化具有明显的阶段性。在巷旁支护体柔性垫层厚度分别为 0 mm、100 mm、200 mm 的情况下,直接顶下沉量随垫层厚度的增加而减小的幅度较大。

直接顶的变形受巷旁支护体和充填区的共同影响,在垫层厚度为 0~200 mm 的范围内,由于垫层厚度较小,柔性垫层在吸收基本顶给定变形后,下部矸石混凝土对直接顶施加了有效的支撑作用,因此,垫层厚度的改变对直接顶的变形量的影响较大。

③ 当垫层厚度大于 200 mm 时,随着垫层厚度的增加,直接顶下沉量呈现出缓慢减小并基本稳定的趋势。当垫层厚度大于 200 mm 时,柔性垫层在吸收基本顶给定变形后,下部矸石混凝土墙体无法有效接顶支撑,因此,该阶段决定直接顶变形的主导因素为邻近巷道充填区在直接顶下沉后的压实支撑作用,巷

旁支护体对直接顶的变形控制仅起到辅助支撑的作用。此时,虽然有利于降低矸石混凝土的垂直荷载,但是巷旁支护体承担的竖直方向荷载较小;同时,充填区在承受较大的顶板荷载情况下,其对巷旁支护体的侧向推压作用明显,巷旁支护体水平方向易发生滑移失稳。

（2）垫层厚度对巷旁支护体承载特征的影响

柔性垫层厚度不仅对顶板的控制效果具有重要影响,还是决定巷旁支护体自身支撑荷载的重要因素。

① 垫层厚度对巷旁支护体水平应力的影响

不同柔性垫层厚度条件下,巷旁支护体下部矸石混凝土墙体内水平应力的分布规律如图 5-15 所示。

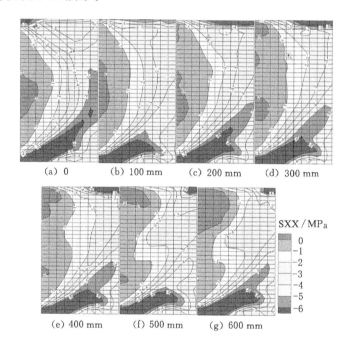

(a) 0　　(b) 100 mm　　(c) 200 mm　　(d) 300 mm

(e) 400 mm　　(f) 500 mm　　(g) 600 mm

SXX / MPa

0
-1
-2
-3
-4
-5
-6

图 5-15　柔性垫层厚度对矸石混凝土墙体内水平应力分布的影响

由图 5-15 可以看出,因为巷旁支护体左边界为巷道右帮的自由边界,所以刚性墙体内的水平应力较小;且在柔性垫层厚度增加的过程中,矸石混凝土墙内部水平应力的数值整体呈现下降趋势。在柔性垫层厚度较小时,刚性巷旁支护体能够充分接顶,起到有效的支撑作用,此时刚性巷旁支护体水平方向位移受到顶板的直接限制。一方面随着巷旁支护体内柔性垫层厚度的增加,下部矸石混凝土未能直接支撑顶板,水平方向稳定性较低,导致刚性巷旁支护体发生水平位移,降低了水平侧压力;另一方面在水平侧压力的作用下,柔性垫层的侧向位移同样具有一定的卸压效果。图 5-16 所示为充填区对矸石混凝土墙体右侧边界的侧向推压力。

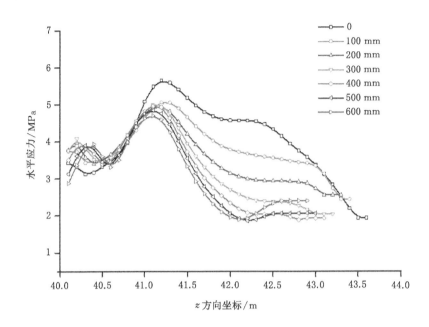

图 5-16　充填区对矸石混凝土墙体右边界的侧向压力分布

如图 5-16 所示:在巷旁支护体上部柔性垫层厚度小于等于 300 mm 时,随着垫层厚度的增加,充填区对矸石混凝土墙体侧压力减小幅度较大;当垫层厚度大于 300 mm 时,充填区对矸石混凝土墙体侧压力基本稳定。

② 垫层厚度对巷旁支护体支护阻力的影响

为了揭示巷旁支护体内垂直应力的分布规律,得到不同柔性垫层厚度条件下巷旁支护体的承载特征,取巷旁支护体中部单元测线($z=41.8$ m)绘制支护体内部垂直应力分布曲线,如图 5-17 所示。

由图 5-17 可以看出,柔性垫层厚度对巷旁支护体的承载特征有着重要影响。主要体现在以下几个方面:

首先,从数值上来看,随着垫层厚度的增加,巷旁支护体内部垂直应力整体呈现下降趋势。并且,在垫层厚度从 0 mm 增加至 200 mm 的过程中,垂直应力降低的幅度更大,这与图 5-14 所示的巷旁支护体顶板的变形规律一致。由此充分说明,在柔性垫层厚度小于等于 200 mm 时,刚性巷旁支护体实现了接顶,并起到了有效的支撑作用;当垫层厚度大于等于 300 mm 时,巷旁支护体内垂直应

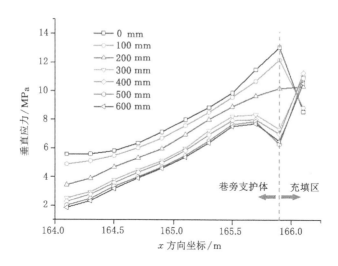

图 5-17 巷旁支护体中部测线垂直应力分布

力均处于较低水平。

其次,刚性巷旁支护体内垂直应力整体呈现出由巷道侧向充填区侧逐渐增加的趋势。这主要是因为采空区充填以后,虽然缓解了顶板的变形,但是顶板整体仍然会向采空区一侧的回转变形。在此作用下,巷旁支护体在巷道一侧所受到的荷载要小于充填区一侧,通过观察巷旁支护体内的塑性区分布特征同样可以证明这一解释。垫层厚度为 0 mm 的情况下,巷旁支护体整体处于塑性区;当垫层厚度增加以后,巷旁支护体内部的局部塑性区主要分布在靠近充填区一侧,说明在留巷阶段构筑的巷旁支护体,其在巷道表面的低应力并不是因为巷旁支护体材料的破坏造成的,而是顶板的回转变形造成其处于低应力区。

最后,通过对比刚性巷旁支护体和充填区界面过渡段的垂直应力分布规律,可以看出:当垫层厚度为 0 和 100 mm 时,巷旁支护体右边界单元的垂直应力明显高于充填区左边界单元的垂直应力;此时,在此局部范围内巷旁支护体起到主要承载作用。当垫层厚度为 200 mm 时,巷旁支护体右边界单元的垂直应力向充填区左边界平缓过渡;此时,巷旁支护体和充填区实现协调变形,共同起承载作用。当垫层厚度大于等于 300 mm 时,巷旁支护体右边界单元的垂直应力明显低于充填区左边界单元的垂直应力;此时,由于柔性垫层厚度过大,下部刚性巷旁支护体无法有效接顶,充填区起到主要承载作用。由此说明,合理的柔性垫层厚度可以实现在垫层吸收变形后巷旁支护体和充填区协调承载。针对本章的背景条件,结合巷旁支护体上方顶板的下沉规律,可以确定合理的柔性垫层厚度为 200 mm。

（3）垫层厚度对巷旁支护体能量演化规律的影响

随着工作面的推进，采空区的回填和巷旁支护体的构筑导致了围岩应力场的重新分布。在此过程中，伴随着巷旁支护体内部能量的积聚和释放，巷旁支护体的能量积聚反映了其承载作用的强化过程；巷旁支护体的能量耗散反映了其内部损伤发育和强度弱化的过程。根据热力学的观点，岩体受外力作用后，外力所做的功，一部分将转化为岩体的动能和弹性能，一部分随着内部的损伤、塑性而耗散；同时，在物体变形过程中，温度也将发生变化。在此，将岩体的变形假设为绝热的；并且，整个加载过程为准静态加载，即不考虑岩体的动能改变。在此物理过程中，有如下关系[201]：

$$U = U^d + U^e \tag{5-2}$$

式中　U——外力对岩石所做的功，亦即岩体吸收的能量，J；

　　　U^d——加载过程中由于岩体内部损伤和塑性变形而耗散的能量，J；

　　　U^e——储存在岩体内的可释放弹性应变能。

将巷旁支护体简化为各向同性材料，同时引入广义胡克定律，取单位体积岩体进行分析，其弹性应变能 U^e 可由下式表示：

$$U^e = \frac{1}{2E}\left[\sigma_1^2 + \sigma_2^2 + \sigma_3^2 - 2\mu(\sigma_1\sigma_2 + \sigma_2\sigma_3 + \sigma_1\sigma_3)\right] \tag{5-3}$$

式中　E——岩体的初始弹性模量，MPa；

　　　μ——岩体的泊松比。

单位体积岩体内部的弹性应变能即为该点处的可释放弹性应变能密度。在数值计算中，可根据单元的主应力编程实现每个单元处的可释放弹性应变能密度的输出，由此可以得到在不同柔性垫层厚度条件下，巷旁支护体内部可释放弹性应变能密度云图，如图 5-18 所示。

通过对比图 5-18 中不同柔性垫层厚度条件下巷旁支护体可释放弹性应变能密度云图可以发现：随着柔性垫层厚度的增加，巷旁支护体最大可释放弹性应变能密度呈现下降趋势。垫层厚度为 0 mm、100 mm、200 mm、300 mm、400 mm、500 mm、600 mm 的 7 种方案，最大可释放弹性应变能密度分别为 2.16×10^4 J/m³、1.95×10^4 J/m³、1.82×10^4 J/m³、1.71×10^4 J/m³、1.64×10^4 J/m³、1.62×10^4 J/m³、1.59×10^4 J/m³。由此可以看出，当垫层厚度大于等于 300 mm 时，巷旁支护体内最大可释放弹性应变能密度基本不变，其承载作用变化不大。主要是由于巷旁支护体接顶不实，支撑压力水平整体较低造成。从弹性应变能密度的分布规律来看，巷旁支护体在邻近采空区一侧的弹性应变能密度大于巷道侧。结合图 5-17 可以看出，巷旁支护体的应力分布受顶板回转的影响，左侧应力水平明显低于右侧，且除了柔性垫层厚度为

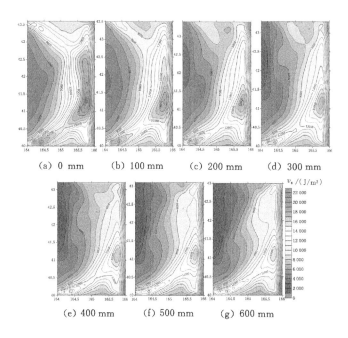

(a) 0 mm   (b) 100 mm   (c) 200 mm   (d) 300 mm

(e) 400 mm   (f) 500 mm   (g) 600 mm

图 5-18 柔性垫层厚度对巷旁支护体内部可释放弹性应变能密度的影响

0 mm 的情况以外,刚性巷旁支护体左侧均未进入塑性区。因此,刚性巷旁支护体邻近采空侧的弹性应变能积聚更加显著,起到主要的支撑作用。随着垫层厚度的增加,较大的弹性应变能密度分布范围向右侧底角收敛;当垫层厚度大于等于 300 mm 时,可释放弹性应变能密度的分布特征也基本一致。

5.3.2 巷旁支护体宽度对巷道围岩稳定性影响

墙体宽度作为巷旁支护结构设计的另一关键参数,对留巷稳定性具有重要影响。本节在第四章的研究基础上,设计了巷旁支护体宽度分别为 1.6 m、2.0 m、2.4 m、2.8 m、3.2 m 的五种方案,重点分析巷旁支护体宽度对其稳定性关键指标的影响规律,为巷旁支护体宽度合理设计提供依据。

(1) 巷旁支护体宽度对两帮水平位移的影响

为了分析巷旁支护体宽度对巷道两帮变形的影响,针对最优柔性垫层厚度为 200 mm 的条件,分别取巷旁支护体宽度为 1.6 m、2.0 m、2.4 m、2.8 m、3.2 m 时的巷道左帮实体煤和右帮刚性巷旁支护体表面水平位移曲线(图 5-19)进行比较分析。

由图 5-19(a)可以看出:巷旁支护体宽度由 1.6～3.2 m 的增长过程中,巷道左帮实体煤表面水平位移规律和大小基本一致,实体煤帮表面水平位移量随墙

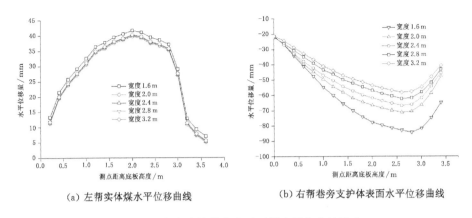

（a）左帮实体煤水平位移曲线　　　（b）右帮巷旁支护体表面水平位移曲线

图 5-19　巷旁支护体宽度对两帮水平位移的影响

体宽度的增大虽然有减小的趋势，但效果并不明显。

由图 5-19（b）可以看出：不同宽度条件下，在巷旁支护体高度方向上位移规律基本一致。刚性巷旁支护体的最大水平位移量发生在距离底板高度为 2.6 m 左右的位置。巷旁支护体宽度为 1.6 m 时，巷道右帮最大表面水平位移量为 84.3 mm；宽度为 2.0 m 时，巷道右帮最大表面水平位移量为 71.1 mm；宽度为 2.4 m 时，巷道右帮最大表面水平位移量为 66.7 mm；宽度为 2.8 m 时，巷道右帮最大表面水平位移量为 62.3 mm；宽度为 3.2 m 时，巷道右帮最大表面水平位移量为 58.1 mm。通过对比可以发现：在宽度增加的过程中，巷旁支护体表面最大水平位移量呈现减小的趋势；并且当巷旁支护体宽度从 2.0 m 减小为 1.6 m 的过程中，其表面最大水平位移量出现了突变；而当巷旁支护体宽度大于 2.0 m 时，其最大水平位移量基本稳定，此时增加宽度对其表面最大水平位移量的减小作用较小。

（2）巷旁支护体宽度对矸石混凝土墙体垂直应力的影响

图 5-20 为墙体宽度分别为 1.6 m、2.0 m、2.4 m、2.8 m、3.2 m 的条件下，刚性巷旁支护体内部垂直应力的分布曲线。

由 5-20 可以看出：不同墙体宽度条件下，巷旁支护体内部垂直应力的分布规律基本一致，并且其垂直应力的最大值基本一致；但是，其垂直应力的最小值随着墙体宽度的增加具有下降趋势。从数值上来看，巷旁支护体右侧始终有 0.8～1.2 m 的墙体处于高应力状态，为承载核区。因此，在右侧高应力区墙体发生破坏失稳后，高应力将进一步向左侧转移，支撑阻力得到提高。结合图 5-19 不难看出，沿空留巷巷旁充填墙体的宽度存在一个合理的值。当小于这个值时，承载核区宽度与巷旁支护体整体宽度的比值较大，刚性巷旁支护体受压变形严

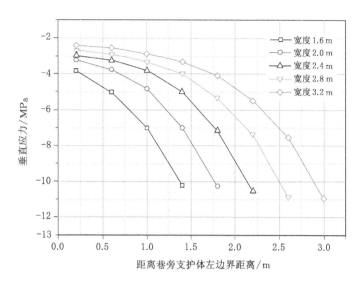

图 5-20　巷旁支护体宽度对墙体垂直应力的影响

重,留巷很难成功;当大于这个值时,承载核区宽度与巷旁支护体整体宽度的比值减小,但是,巷道变形并没有明显减小,从工程的经济性角度考虑,此时增加巷旁支护体的宽度并不合理。

另外,从墙体稳定性方面考虑其极限弯矩。由以上数据可以看出,墙体宽度的改变,对墙体各个方向的受力情况几乎没有影响。根据巷旁支护体所受侧压力数据(图 5-16),近似将其等效为 3.5 MPa 均布力进行处理,而巷旁支护体上方的垂直应力可以简化为线性分布。刚性巷旁支护体高度为 3.4 m,取其沿巷道轴向单位长度进行计算,建立计算简化模型如图 5-21 所示。

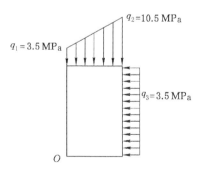

图 5-21　计算简化模型

将右侧均布侧压力和顶部线性荷载对 O 点分别取矩,此时根据极限条件下矸石混凝土墙体的稳定性条件,在不考虑墙体自重、顶部摩擦的情况下,可以计算得到:合理的巷旁支护体宽度应不小于 2.2 m。因此,针对试验矿井的地质条件,合理的矸石混凝土墙体宽度应取 2.2 m。

由于侧向压力对 O 点弯矩为定值,而在顺时针方向弯矩随巷旁支护体宽度的增加而增大,所以巷旁支护体稳定性会随墙体宽度的增加而增加。此外,在图 5-21 的分析过程中进行了如下简化:第一,忽略了柔性垫层对刚性巷旁支护体的摩擦作用;第二,该模型没有考虑墙体的自重应力;第三,工程中混凝土墙体的右侧面设计一定的背坡角。以上简化均会使计算墙体宽度偏大,也就是说,使用上述方法计算得到的结果是偏安全的。

5.4 充填沿空留巷围岩时变演化规律

深部大采高充填沿空留巷工程中,充填区破碎矸石在远离工作面,顶板荷载充分传递以后,其上部荷载基本稳定。此时,充填区散体矸石的蠕变对顶板的下沉规律具有重要影响,进而对留巷围岩的变形特征产生影响。

5.4.1 耦合数值计算模型建立

本节建立了 FLAC-PFC 耦合计算模型,利用 PFC³ᴰ软件建立颗粒体侧限压缩蠕变模型,重现 2.3 节矸石蠕变试验过程和结果,借此对采空区充填矸石的蠕变参数进行标定;然后利用标定后的参数对 FLAC-PFC 耦合计算模型进行赋值计算。通过对耦合计算模型结果的分析,得到考虑充填区散体蠕变力学行为的充填沿空留巷围岩时变演化规律。

(1)模型参数标定

选用 PFC³ᴰ中 Burgers 模型进行破碎岩体蠕变试验的模拟。Burgers 模型通过将 Kelvin 模型、Maxwell 模型在法向和切向进行串联来实现对蠕变机制的模拟。其中,Kelvin 模型是线性弹簧和阻尼器的并联结构,Maxwell 模型是线性弹簧和阻尼器的串联结构,如图 5-22 所示。

如图 5-22 所示,K_{kn} 为法向 Kelvin 模型的线性弹簧刚度系数,C_{kn} 为法向 Kelvin 模型阻尼器的黏性系数,K_{mn} 为法向 Maxwell 模型的线性弹簧刚度系数,C_{mm} 为法向 Maxwell 模型阻尼器的黏性系数;K_{ks} 为切向 Kelvin 模型的线性弹簧刚度系数,C_{ks} 为切向 Kelvin 模型阻尼器的黏性系数,K_{ms} 为切向 Maxwell 模型的线性弹簧刚度系数,C_{ms} 为切向 Maxwell 模型阻尼器的黏性系数。

由于破碎岩体蠕变试验历时较长,从计算的效率和可行性方面考虑,对数值

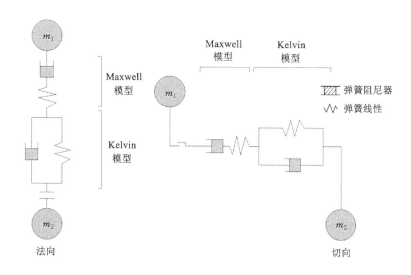

图 5-22 Burgers 模型元件连接方式

模拟中蠕变时间进行了一定比例的放缩。经过模型调试,数值模型的蠕变曲线和实验室获得的破碎岩体蠕变试验曲线基本吻合(如图 5-23 所示)。

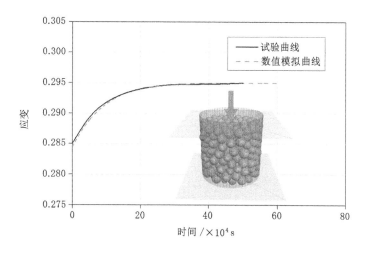

图 5-23 破碎矸石蠕变参数标定

通过参数标定手段,获得了一组能够反映破碎矸石蠕变力学特征的细观参数,见表 5-3。

表 5-3　破碎岩体蠕变过程颗粒流模拟的细观参数

参数	赋值	说明
bur_knk	1.00×10^7	法向 Kelvin 模型的线性弹簧刚度系数
bur_knm	1.37×10^6	法向 Maxwell 模型的线性弹簧刚度系数
bur_cnk	4.00×10^8	法向 Kelvin 模型阻尼器的黏性系数
bur_cnm	1.00×10^{15}	法向 Maxwell 模型阻尼器的黏性系数
bur_ksk	1.00×10^7	切向 Kelvin 模型的线性弹簧刚度系数
bur_ksm	1.37×10^6	切向 Maxwell 模型的线性弹簧刚度系数
bur_csk	4.00×10^8	切向 Kelvin 模型阻尼器的黏性系数
bur_csm	1.00×10^{15}	切向 Maxwell 模型阻尼器的黏性系数

（2）耦合数值模型的建立

利用标定后的颗粒流的细观参数对 FLAC-PFC 耦合计算模型中的充填区颗粒进行赋值,并将 FLAC 模型设置为大变形模式,得到能够反映破碎岩体蠕变过程的耦合计算模型,如图 5-24 所示。

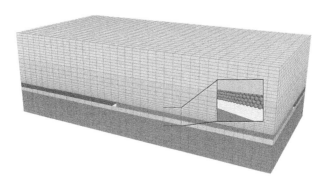

图 5-24　充填沿空留巷围岩时变演化规律耦合计算模型

5.4.2　围岩时变演化规律分析

在计算过程中首先监测直接顶垂直荷载,在直接顶的垂直荷载基本稳定后,认为沿空留巷受采动影响的瞬时变形基本完成。此后考虑顶板荷载稳定后,充填区材料变形的时间效应。充填区在顶板荷载的长期作用下继续产生一定变形,通过边界的耦合效应可以得到充填区直接顶的垂直位移随时间的演化规律,如图 5-25 所示。

由图 5-25 可见,在充填区顶板荷载稳定后,直接顶随着时间的推移,变形量继续增加。0～7 d 范围内,顶板变形量增长较快;其中,0～5 d 变形量基本为线性变化。7～90 d 范围内,随着时间的增加,直接顶的下沉量趋于稳定。前 7 d

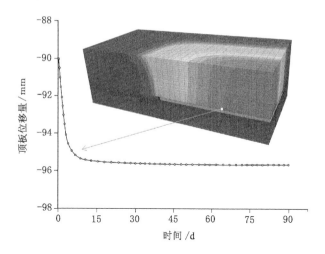

图 5-25 充填区直接顶垂直位移随时间的演化规律

的顶板位移增量达到 5.71%,7～90 d 的顶板位移增量仅为 0.57%。随着顶板下沉量的增加,巷旁支护体的内部垂直应力和其反映在巷道表面水平方向的变形量也出现一定程度的增加。巷旁支护体的内部垂直应力和水平方向的变形量分别如图 5-26 和图 5-27 所示。

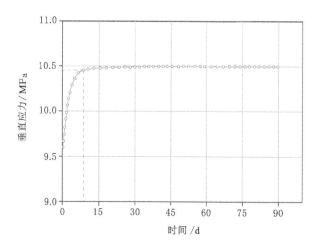

图 5-26 巷旁支护体垂直应力随时间变化规律

由图 5-26 可以看到,巷旁支护体内的垂直应力在 0～8 d 的时间内增长速度较快,应力值由 9.62 MPa 增长到 10.41 MPa;在 8～90 d 的时间内,垂直应力

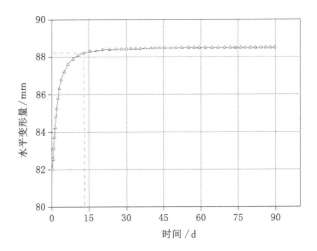

图 5-27　巷旁支护体水平方向变形量随时间变化规律

增加较缓慢并逐渐趋于稳定,在 90 d 时垂直应力基本稳定在 10.51 MPa,最终增幅达到 9.2%。

由图 5-27 可以看到,巷旁支护体水平变形速率在 0～14 d 的时间内较大,并且在 0～6 d 的时间内,水平变形量基本呈现线性增加。在 14 d 时,水平变形量达到 88.13 mm;此后变形量逐渐稳定,90 d 时水平变形量达到 88.51 mm,最终增幅为 7.3%。

由此可以得到,在覆岩荷载充分传递至充填区并且达到稳定状态后,在荷载的时间效应下,充填区会产生进一步的压缩下沉,下沉量的增幅为 6.28%。由此引起顶板的后继变形,从而使基本顶作用在沿空留巷顶板的给定变形量增加,并最终反映在巷道右帮的水平收敛变形量和巷旁支护体的支护阻力上。根据变形量和支护阻力增幅的定量分析,可以确定:在巷旁支护体的强度设计中,应设置 10% 的强度安全系数,以保证巷旁支护体的长期稳定性。

5.5　本章小结

本章采用数值分析的手段,对矸石充填沿空留巷的矿压规律和围岩变形机理进行系统研究,分析了巷旁支护体关键参数对沿空留巷围岩稳定性的影响规律,主要结论如下:

(1)基于工作面推进过程中的充填区承载特征和围岩变形规律分析,得到了深部大采高充填沿空留巷围岩大结构的荷载传递机制:基本顶荷载主要由充填区和煤壁共同支撑,充填矸石的压实变形决定了基本顶的回转特征。基本顶通过自身的回转给下部巷道顶板施加给定变形。

(2) 巷旁支护体在柔性垫层适应基本顶给定变形的基础上,其对留巷围岩小结构稳定性的重要作用主要体现在以下两个方面:第一,有效限制了直接顶在给定变形的基础上由于自身的破裂、离层等因素产生的附加变形;第二,通过对直接顶的局部支撑,减小了巷旁支护体外侧一定范围充填区垂直应力,从而达到了降低巷旁支护体侧压力的效果。

(3) 通过分析巷旁支护体宽度和柔性垫层厚度对留巷稳定性的影响,揭示了巷旁支护阻力和巷旁支护体水平位移随巷旁支护体宽度和柔性垫层厚度的演变规律。阐明了深部大采高充填沿空留巷"刚-柔结合"巷旁支护体关键参数的设计方法。结合现场地质条件,确定了巷旁支护体合理宽度为 2.0 m,柔性垫层厚度为 200 mm。

(4) 通过颗粒流参数的标定,获得了一组能够反映实验室侧限条件下破碎矸石蠕变力学行为的细观参数。构建了 FLAC-PFC 耦合计算模型,分析了充填区顶板下沉量和巷旁支护体荷载、变形的时变规律。考虑了巷旁支护体的长期稳定性,其材料强度应至少保留 10% 的富余量。

6 综采矸石充填沿空留巷物理模拟试验

相似材料模拟试验已成为研究巷道围岩变形破坏规律及其支护技术特征的重要手段,与理论研究和现场观测相结合,可为煤矿巷道支护参数的设计和完善提供理论依据。本章使用自主设计含有水平推压装置的充填开采相似模拟试验系统研究水平推压力和巷旁支护结构对充填区承载特性、顶板运移和巷道收敛变形的影响规律,揭示综采矸石充填沿空留巷的围岩变形机理。

6.1 充填沿空留巷相似试验系统设计

6.1.1 相似试验拟解决的关键问题

垮落法管理顶板的沿空留巷工程中,顶板的运动按时间可划分为三个阶段[69]:前期活动(阶段Ⅰ)、过渡期活动(阶段Ⅱ)和后期活动(阶段Ⅲ)(图 6-1)。

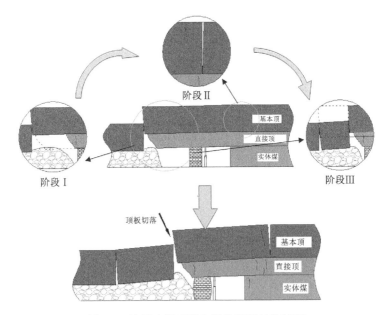

图 6-1 垮落法管理沿空留巷顶板结构特征

　　在前期活动阶段,由于工作面的回采,工作面后方采空区出现悬露顶板,直接顶岩层在自重作用下出现垮落,由于工作面超前实体煤和巷帮的支撑作用,基本顶变形较小。因此,巷旁支护体在这一阶段的变形较小。

　　在过渡期活动阶段,随着工作面的推进,远离工作面的采空区基本顶出现明显的旋转变形,巷旁支护体变形较大,支撑应力向巷帮煤体深部转移,顶板弹性能积聚。弯曲基本顶内的拉应力达到极限时,基本顶在实体煤深部断裂。这一阶段巷旁支护体的压缩量最大,现场实测结果表明:这一阶段沿空留巷顶板的变形量占总变形量 70% 左右。

　　在后期活动阶段,采空区一侧悬露的基本顶在巷旁支护体的强力支撑和巷内加强支护的配合作用下切落。完成巷旁切顶后,巷旁支护体的压缩量和沿空留巷的收敛变形趋于稳定。

　　然而,在深部大采高等复杂地质条件下,由于切顶难度大,顶板冲击灾害事故频发,留巷成功率低。可采用矸石充填沿空留巷的方法来实现防冲击、防突水、防沉陷的无煤柱开采模式。由于采空区密实充填,充填区矸石起到支撑作用,基本顶只出现弯曲下沉,充填区、顶板和巷道的应力环境与一般沿空留巷相比具有根本区别。因此,充填沿空留巷是否成功取决于以下几个关键问题的研究:

　　(1) 充填区散体受力

　　由于充填区的散体矸石具有流动性,工作面后方散体在夯实机的冲击荷载作用下,对充填区进行压实;在推压板收回后,散体会自然回落堆积。充填散体作为顶板的主要承载结构,其变形规律和应力分布特征与一般的沿空留巷技术具有明显差异。因此,研究充填区在不同程度推压夯实作用下的应力分布特征是分析顶板岩层的活动规律和巷旁支护体受力环境的基础,也是充填工艺参数设计的依据。

　　(2) 顶板岩层变形规律

　　由于充填区密实度的不均匀分布,顶板从巷旁实体煤到充填区出现不均匀下沉。因此,研究顶板岩层的变形规律和破断形态对巷旁支护参数的设计有重要影响。

　　(3) 巷旁支护体稳定性

　　巷旁支护体的稳定性是留巷效果最直接的体现,因此,通过分析试验结果,总结综采矸石充填沿空留巷的巷旁支护体设计原则。本章基于矸石充填采煤实测的矿压规律,对于刚-柔结合巷旁支护体设计方案的合理性进行探讨。

6.1.2 综采充填试验系统设计

为了更加准确地反映实际开采环境,本节采用相似模拟试验的手段研究综采矸石充填沿空留巷的围岩变形机理。由于现有试验设备无法模拟水平方向的推压和夯实过程,本书设计了能够进行水平推压的充填开采沿空留巷试验系统(图6-2),主要包括:水力加载系统、液压水平夯实系统、应力监测系统、位移数字测量系统。

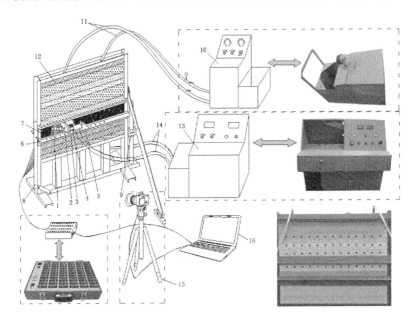

1—充填散体;2—夯实机构;3—模拟支架;4—油缸;5—基座;6—滑槽;7—挡矸板;
8—相似模拟试验架;9—角度调节装置;10—水压加载控制台;11—水管;12—保压水袋和水袋挡板;
13—液压系统控制台;14—油管;15—高分辨率数字相机;16—PhotoInfor数字图像处理软件。

图 6-2　充填沿空留巷相似模拟试验系统

① 水力加载系统包括:水压加载控制台、水管、保压水袋和水袋挡板,能够对模型顶部均匀地施加等效竖直载荷;

② 液压夯实系统包括:液压系统控制台、油管、夯实机构、油缸、基座和滑槽,可以对充填区进行水平方向的推压夯实;

③ 应力监测系统包括:压力传感器和高速静态应变采集仪,可监测开采、充填、推压等过程中岩层和充填区内部的应力变化;

④ 位移数字测量系统包括:高分辨率数字相机和 PhotoInfor 数字图像处理软件,可分析整个采动过程中模型位移场的变化。

6.2 相似模拟试验方案及参数设计

6.2.1 综采充填试验关键参数设计

1. 相似试验模型设计

在进行物理过程研究时,物理量的相似主要是指几何相似、运动相似以及动力学相似三类。因此,模型($'$)和原型($''$)之间满足下列六个基本相似条件[202]:

(1) 几何相似

模型与原型几何尺寸满足下式:

$$\frac{l'_1}{l''_1} = \frac{l'_2}{l''_2} = \cdots = C_l \tag{6-1}$$

式中　C_l——几何比。

(2) 运动相似

模型与原型在几何相似的基础上,保证对应时刻相似,即:

$$\frac{t'_1}{t''_1} = \frac{t'_2}{t''_2} = \cdots = C_t = \sqrt{C_l} \tag{6-2}$$

式中　C_t——时间比。

(3) 应力相似

相似模型材料的应力应该与原型岩体对应相似,有:

$$C_\sigma = C_\gamma \cdot C_l \tag{6-3}$$

式中　C_γ——重力密度比;

　　　C_σ——应力比。

(4) 外力相似

外力相似主要指加载值与原型顶板受力相似,即:

$$C_F = C_\gamma \cdot C_l^3 \tag{6-4}$$

式中　C_F——集中力相似比。

(5) 动力相似

对动力学相似系统,系统应满足牛顿第二定律,即 $F = m\dfrac{\mathrm{d}v}{\mathrm{d}t}$,由此可推出:

$$\frac{m'_1}{m''_1} = \frac{m'_2}{m''_2} = \cdots = C_m = C_\gamma C_l^3 \tag{6-5}$$

式中　C_m——质量相似比。

(6) 初始条件及边界条件相似

对于初始条件,模型试验同现场试验一样受重力场作用,再对模型施加等效表面应力,可认为相似。但在模型两侧边界,由于收缩开裂,难以保证其与现场条件相似,可通过对观测数据的改正修正其影响,而对于离边界较远的覆岩破坏规律,其影响可以忽略不计。

为了保证足够的充填区空间,同时又能模拟全部的关键岩层,选取几何比 C_l 为 1∶50,具体相似模型参数见表 6-1。

表 6-1　相似模型参数设计

参数	C_l	C_t	C_γ	C_σ	模型宽/mm	模型高/mm	模型厚/mm	模型巷高/mm	模型巷宽/mm
数值	1/50	$1/\sqrt{50}$	0.6	1/83	1 380	1 290	12	72	80

根据煤和岩石的力学性能指标,然后根据相似理论计算得到模型中各岩层强度。选取砂子作为骨料,石灰、石膏作为胶结料配置相似模拟材料,参照文献[203-206]中相似模拟材料配比强度,在实验室中进行验证试验,最终确定各种类型岩石的相似材料配比。具体配比和强度见表 6-2。

表 6-2　相似模拟材料强度和配比

岩层层位	岩石类型	抗压强度/MPa		干料质量百分比/%			含水量/%	木屑/%
		原型	模型	砂子	碳酸钙	石膏		
顶板	中砂岩	79.2	0.95	30	9	61	14.3	—
	细砂岩	35.0	0.42	30	35	35	14.3	—
煤层	煤	7.6	0.09	40	42	18	11.1	2
底板	泥岩	14.6	0.18	70	9	21	11.1	—
	粉砂岩	63.3	0.76	30	21	49	14.3	—
巷旁支护体	矸石混凝土	8.0	0.10	80	10	10	11.1	—

2. 散体材料的相似模拟

从充填体的微观结构可以看出,其内部结构具有较多的孔隙,在围压作用下孔隙闭合,充填体逐渐密实,随着围压的增大充填体压实程度逐渐增大。充填体作为松散介质其固体颗粒之间的黏结力远小于固体颗粒自身的强度,所以在有限的外荷载作用下,主要产生颗粒重排,而不是固体颗粒本身发生破坏。因此,在对散体材料进行相似模拟时,应首先考虑对充填体压实特性影响较大的粒径大小和粒径分布问题。因此,本试验在保证充填区散体具有一定强度的基础上,主要控制充填区散体的粒径相似和级配相同。

6.2.2 试验方案和过程

本书采用正交试验的方法,共建立了四个相似试验模型:原型液压支架水平推压力为 0 MPa、1 MPa、2 MPa 的巷旁支护体有柔性垫层模型和水平推压力为 2 MPa 的巷旁支护体无柔性垫层的模型(图 6-3)。一方面,分析相同巷旁支护参数条件下,推压夯实机构水平推力对矸石充填区应力分布、覆岩变形和巷道收敛变形的影响。另一方面,研究相同水平推压力条件下,柔性垫层对巷旁支护体稳定性的影响。

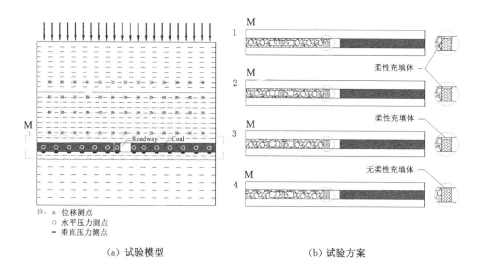

注: ✕ 位移测点
　　○ 水平压力测点
　　━ 垂直压力测点

（a）试验模型　　　　　　　　　　（b）试验方案

图 6-3　相似模型试验方案设计

矸石回填工作面进行一个作业循环需要经过割煤、移架与充填、推压三个步骤(图 6-4),在相似试验模型开挖过程中,对以上步骤进行模拟。整个留巷过程中,模型巷道左侧煤层的开挖充填分 12 个作业循环进行,每个作业循环推进 50 mm,分为割煤、充填、推压、稳定四个操作步骤,在每个步骤完成后,对模型数据进行测量。因此,测量次数 n 和作业循环次数 N 之间具有以下关系:

第 N 个作业循环"割煤"步骤:$n=4N-3(N=1,2,3,\cdots,12)$;

第 N 个作业循环"充填"步骤:$n=4N-2(N=1,2,3,\cdots,12)$;

第 N 个作业循环"推压"步骤:$n=4N-1(N=1,2,3,\cdots,12)$;

第 N 个作业循环"稳定"步骤:$n=4N(N=1,2,3,\cdots,12)$。

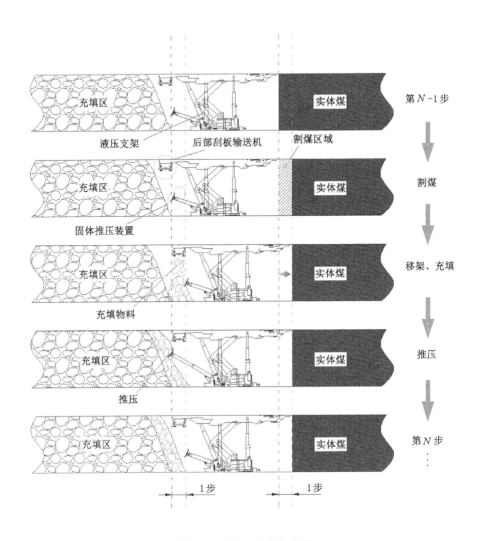

图 6-4 充填开采步骤流程

6.3 综采充填沿空留巷围岩变形特征

6.3.1 充填区散体承载特征

以水平推压力为 2 MPa 的模型研究开挖过程中充填区散体承载的一般性质。为了消除边界对相似模拟试验结果的影响,选取距离模型左边界 200 mm 处的测点 A 作为研究对象,分析固定测点在模型开挖过程中应力分布特征和顶板变形规律。由图 6-5 可见：

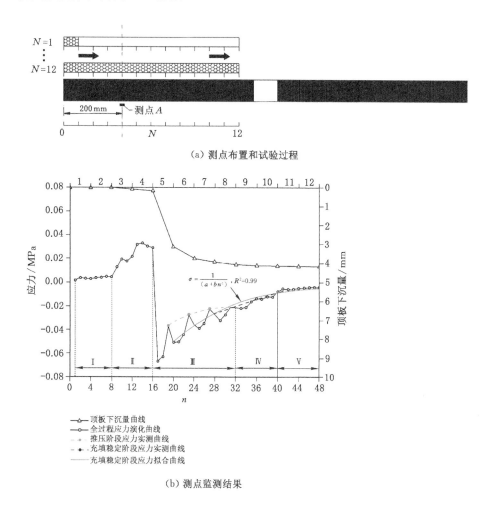

（a）测点布置和试验过程

（b）测点监测结果

图 6-5　充填开采过程中测点应力和位移演化过程

（1）测点 A 在采动影响下的应力变化可以分为五个阶段：第Ⅰ阶段为原岩应力阶段（原型中超前工作面距离大于 10 m），由于距工作面较远，受工作面采动影响较小，表现为原岩应力状态。第Ⅱ阶段为超前应力阶段（原型中超前工作面距离小于 10 m），随着与工作面距离的减小，受工作面超前支撑压力影响越来越大，垂直应力增大。第Ⅲ阶段为主动压实阶段（原型中滞后工作面 10 m 范围以内），工作面开采至测点 A 的位置，通过充填支架的夯实机构对工作面后方散体进行水平推压，充填区应力快速增长，该阶段充填区应力增长受水平推压荷载影响较大。第Ⅳ阶段为被动压实阶段,随着测点 A 远离充填工作面,由水平推压造成的周期荷载对 A 点影响很小。垂直应力增长主要由顶板下沉造成的充填区被动支撑引起,应力增长较慢。第Ⅴ阶段为充填区应力稳定阶段(原型中滞后工作面距离大于 15 m),随着顶板下沉的稳定,充填区的压实程度和垂直应力基本不变。

(2) 由于散体充填材料的流动性,导致充填区内部应力分布不均匀。按照其承载特征,可将充填区划分为松散区和压实区。松散区散体应力基本处于第Ⅲ阶段和第Ⅳ阶段,密实区应力基本处于第Ⅳ阶段。整个充填区的垂直应力增长过程满足以下关系:

$$\sigma = \frac{1}{(a + bn^c)} \quad (n = 20, 24, 28 \cdots) \tag{6-6}$$

在水平推压力为 2 MPa 的情况下,各系数分别为 $a = -13, b = -7.2, c = 3.8$。

以 A 点距充填工作面距离 x 为自变量,上式可改写为:

$$\sigma(x) = \frac{1}{(a' - b'x^{c'})} \tag{6-7}$$

其中,$a' = -18.3, b' = -3.0 \times 10^{-4}, c' = 2.2$。

由顶板下沉曲线可以看出,直接顶的下沉主要发生在松散区,压实区顶板下沉速度较慢,主要由于松散区矸石材料没有形成有效的骨架结构支撑顶板,随着距离 x 的增加,充填区逐渐被压实,支撑力增大,顶板下沉趋于稳定。

(3) 在主动压实阶段的每个作业循环中,对充填材料的推压会引起松散区应力不同程度的升高。在推压机构撤回后,松散区垂直应力会出现一定衰减,衰减率可按以下公式计算:

$$d'(x) = \frac{\sigma_2 - \sigma_3}{\sigma_2 - \sigma_1} \times 100\% \tag{6-8}$$

式中　σ_1——推压前应力;

　　　σ_2——推压期应力;

　　　σ_3——推压机构回撤后应力。

松散区垂直应力衰减率 $d'(x)$ 随着 x 的增加逐渐减小,在距离充填工作面50 mm、100 mm、150 mm、200 mm 处的衰减率分别为 58%、52%、35%、16%(图 6-6)。一方面,说明随着压实度的增大和充填体内部围压的升高,水平推压对充填体垂直应力增长作用的效率越高;另一方面,在主动压实作用影响范围内,随着与工作面距离的增加,由推压引起的充填区应力增长 $\sigma_2 - \sigma_1$ 整体减小。

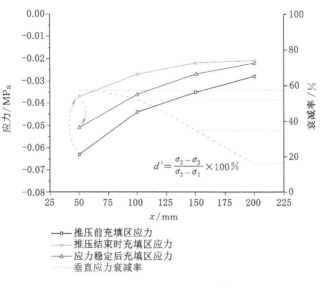

$$d' = \frac{\sigma_2 - \sigma_3}{\sigma_2 - \sigma_1} \times 100\%$$

—□— 推压前充填区应力
—○— 推压结束时充填区应力
—△— 应力稳定后充填区应力
········· 垂直应力衰减率

图 6-6 推压过程中松散区应力演化过程

对比方案 1、方案 2、方案 3 相同位置测点上的应力演化过程(图 6-7),随着水平推力的减小,超前支撑压力影响范围增大,应力峰值增大。水平推力为 2 MPa、1 MPa、0 MPa 三种情况下的工作面超前压力的应力集中系数分别为 1.43、1.57、1.71。随着水平推压力的减小,一方面造成推压力对充填区的有效作用距离减小,另一方面引起充填体的初期应力增长速度减小,因此,在以上两种因素综合作用下,主动压实效果降低,松散区范围增大。对比发现水平推力分别为 2 MPa 和 1 MPa 时,松散区长度分别为 250 mm 和 400 mm;在无水平推压力作用下,松散区范围大于 400 mm。由此可以推断,水平推压力的升高对于在充填区内迅速形成承载核区有重要作用。

6.3.2 顶板变形规律分析

留巷过程中,顶板未发生破断,不均匀下沉主要发生在实体煤和充填区的过渡区。对比直接顶[图 6-8(a)]和基本顶下沉曲线[图 6-8(b)]可以看出:基本顶的不均匀下沉特征表现为下沉量由实体煤向充填区线性递增,变化过程比直接顶更加平缓。直接顶在巷旁充填体两侧下沉速率不同,说明巷旁充填体的支撑对直接顶下沉具有限制作用,对基本顶的变形曲线几乎没有影响。直接顶比基本顶的不均匀下沉区域小且稳定后的下沉量更大,主要由于充填区散体在巷旁充填体外侧支撑不足,且直接顶为较软弱岩层,在弯曲、错动、扩容作用下,弯曲变形更加剧烈。

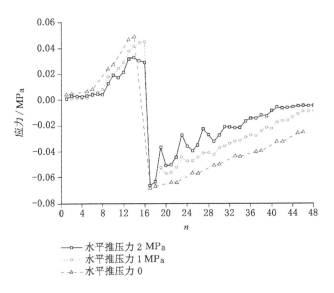

图 6-7 不同水平推压力测点应力演化过程

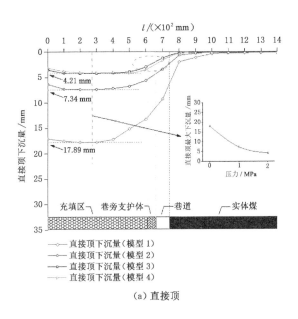

（a）直接顶

图 6-8 顶板下沉曲线

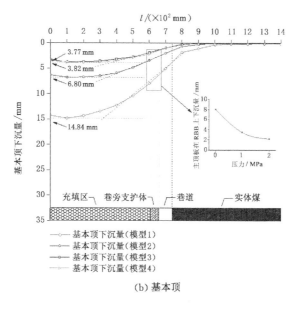

(b) 基本顶

图 6-8　(续)

　　基本顶的下沉基本为线性变化,充填区稳定后的下沉量主要由充填区散体的承载特性决定。对比模型 1、2、3 可以看出,随着充填过程中水平推压力的增大,直接顶的最大下沉量非线性减小。在三个模型充填高度和模型顶部等效荷载相同的条件下,散体在最终稳定状态下的压实度相同,可以判断自然松散充填材料在 $0\sim2$ MPa 的初步压实过程中,压实度增长速度逐渐减小。

　　巷旁支护体的主要作用并不是切断基本顶或者限制基本顶的变形,而是限制直接顶的离层和下沉,同时适应基本顶的变形。对比模型 3、模型 4 可以看出:使用无柔性垫层的巷旁充填体留巷,巷道顶板变形量较大。主要由于无柔性垫层的巷旁充填体无法适应基本顶的变形,巷旁支护体内部应力集中系数过大,造成了巷旁支护体的局部破坏,对直接顶的控制效果变差。

　　基于对充填区内部应力和顶板变形的分析,可以认为:在密实充填沿空留巷的过程中,基本顶不产生破断,覆岩荷载通过基本顶向下传递。矸石置换煤后,充填区起到对基本顶的主要支撑作用,直接顶一方面适应基本顶的回转变形,另一方面自身会产生一定的离层和下沉。因此,通过巷旁充填体的支撑作用限制基本顶回转的方法不可行,合理巷旁支护一方面需要适应基本顶的给定变形,另一方面需要隔挡矸石、限制直接顶发生离层,控制巷道的收敛变形。因此,本书创新性地设计含柔性垫层的巷旁充填体对矸石充填沿空留巷围岩控制有重要意义。

6.3.3　巷旁支护体稳定性分析

由图 6-9 可以看出：在其他条件相同时，模型 3 中在巷旁支护体顶部加入了柔性垫层，留巷完成后巷旁支护体内部柔性充填体被压缩，下部主要承载体完整性较好，直接顶没有产生离层；模型 4 中巷旁支护体顶部无柔性垫层，直接与巷道顶板接触，在留巷完成后巷旁支护体出现了破坏失稳，直接顶出现离层。由此证明，巷旁支护体顶部加入柔性垫层可以有效防止由于巷旁支护体中应力集中系数过大而产生破坏。因此，参照图 6-8 中不同水平推力条件下巷旁支护体上方基本顶下沉曲线，在巷旁支护参数的设计中柔性垫层的可缩量应略大于基本顶的给定变形。通过柔性垫层吸收基本顶变形，同时下部承载体对直接顶进行支撑，能够对巷道收敛变形进行有效控制。

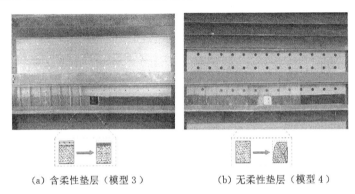

（a）含柔性垫层（模型 3）　　　　（b）无柔性垫层（模型 4）

图 6-9　充填沿空留巷支护效果

由充填区均匀下沉阶段的侧向压力监测结果可以得到：散体矸石的侧压系数为 0.30～0.42，在巷旁支护体外侧的松散区侧向压力仅为巷旁支护体竖向支撑力的 11%～14%。因此，本书试验中使用高宽比为 1.8 的巷旁支护体，试验过程中均未出现侧向失稳。

6.4　现场工艺设计原则

基于以上相似模拟试验分析结果，可对工程实践中充填工艺参数和留巷支护设计提出以下建议：

（1）工作面矸石充填工艺参数设计方面：充填体的承载特性决定了基本顶的下沉规律。由于基本顶的下沉可以看作不可逆的过程，因此，在保证支架稳定性的基础上，一方面应通过提高充填支架的水平推压力提高充填区承载核区的形成速度，控制基本顶下沉。另一方面，可以尝试通过优化矸石级配、掺入改性材料、振动推压等方式降低推压力的衰减率,在推压力不变的情况下,提高充填区的压实速度。

(2)巷旁支护体设计方面:巷旁支护体应能够提供足够支撑力限制直接顶产生离层,同时,支护体上部应布置能够适应基本顶下沉的柔性可缩垫层。垫层厚度应以图6-8(b)中不同水平压力条件下巷旁支护体上部基本顶的变形曲线为依据。为了提高巷旁支护体的承载能力,防止过载后产生如图6-9(b)所示的破坏,应在巷旁支护体内设置对穿锚杆,约束其横向变形。

(3)巷内加强支护方面:回采工作面后方一定范围内的沿空留巷采用高阻让压的单体液压支柱加强顶板支护。在充填区内散体矸石压实稳定前,通过单体液压支柱的支撑强度与巷旁支护体的早期强度共同作用有效支撑顶板、减小巷道顶板变形,进入压实区后回撤单体液压支柱。

6.5　本章小结

本章运用自主设计的含有水平推压装置的相似模拟试验系统对整个充填沿空留巷的过程进行了相似模拟试验,研究了水平推压力对充填区应力增长过程、松散区范围、顶板下沉规律的影响,得到以下主要结论:

(1)随着工作面的推进,充填区的破碎矸石应力变化可以分为三个阶段,分别为:主动压实阶段、被动压实阶段和应力稳定阶段。其中,主动压实阶段充填区破碎矸石内部垂直应力受水平推压荷载影响较大,应力增长速度较快;被动压实阶段由顶板下沉造成的充填区被动支撑引起,应力增长较慢;在支架后方15 m以外逐渐进入应力稳定阶段。

(2)水平推压力的增加对于在充填区内迅速形成承载核区有重要作用。随着工作面后方充填矸石远离充填工作面,充填体内部围压逐渐升高,水平推压对充填体垂直应力增长作用的效率越高。在主动压实作用影响范围内,随着与工作面距离的增加,支架推压引起的充填区应力增长量整体减小。

(3)充填区对基本顶起到主要的支撑作用。通过提高水平推力和降低水平推力的衰减率可以促进充填承载核区的形成,减小基本顶下沉量。一方面使直接顶适应基本顶的回转变形,另一方面自身会产生一定的离层和下沉。

(4)通过试验对比发现:通过巷旁支护体的支撑作用限制基本顶回转的方法不可行。本书提出的含有柔性垫层的巷旁支护结构可以适应基本顶的给定变形,同时能够提供足够的支撑力控制直接顶的下沉。

7 深部大采高充填沿空留巷工业性试验

为了验证研究成果的合理性和实用性、进一步完善深部大采高综采矸石充填沿空留巷理论和技术体系,本章基于理论分析、数值模拟和相似试验研究结果,结合试验矿井的生产地质条件,设计充填沿空留巷刚-柔结合巷旁支护、充填区颗粒级配、顶底板变形控制、充填支架推压力等方案,开展综采矸石充填沿空留巷工业性试验。通过现场实施方案和系统监测相关指标,对综采充填沿空留巷围岩控制效果进行合理评价。

7.1 关键工艺参数设计

7.1.1 巷内基本支护参数

巷内基本支护采用锚网索联合支护方式(图 7-1)。

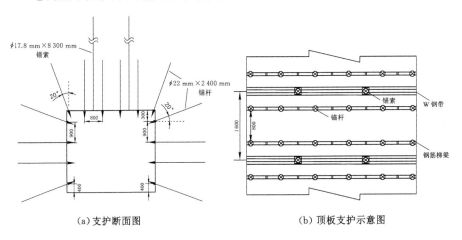

(a) 支护断面图　　　　　　　　　(b) 顶板支护示意图

图 7-1　巷内基本支护方案

巷道顶板打设 6 根锚杆,间距 800 mm;顶角锚杆向巷道外侧偏转角度为 20°;锚杆采用钢筋梯梁连接,锚杆排距 800 mm;顶板表面铺钢筋网。锚索间距 1 600 mm,排距 1 600 mm,沿巷道环向相邻锚索采用 W 钢带连接。

巷道两帮各布置 4 根锚杆,间距 900 mm,采用钢筋梯梁连接;顶角锚杆距离巷道顶板距离为 500 mm,向外侧偏转角度为 20°,锚杆排距为 800 mm。

巷道底板采用 C30 混凝土浇筑厚度为 300 mm 的硬化层。支护材料见表 7-1。

表 7-1　巷内基本支护材料规格

位置	锚杆(索)规格及间排距	托盘	钢梁(带)	网片	锚固剂
两帮	锚杆:ϕ22 mm×2 400 mm 左旋无纵筋螺纹钢锚杆;间距 900 mm,排距 800 mm	蝶形钢托盘	钢筋梯梁	塑钢网	2 支 Z2350 树脂药卷
顶板	锚杆:ϕ22 mm×2 400 mm 左旋无纵筋螺纹钢锚杆;间距 800 mm,排距 800 mm	蝶形钢托盘	钢筋梯梁	钢筋网	1 支 CK2350、1 支 Z2350 树脂药卷
	锚索:ϕ17.8 mm×8 300 mm 钢绞线锚索;间距 1 600 mm,排距 1 600 mm	高强托盘 300 mm×300 mm×14 mm	W 钢带		3 支 Z2350 树脂药卷

7.1.2　巷旁支护方案设计

（1）采空区充填工艺参数

充填区破碎散体矸石的级配选用泰波系数 $n=0.3$ 的连续级配方案,设计充填率达到 100%。根据充填液压支架性能参数,充填工作面后方推压力至少达到 2 MPa。

（2）巷旁支护方案

巷旁支护体宽度 2 m,高度 3.6 m。其中,下部刚性充填体高度为 3 400 mm;上部柔性垫层接顶,厚度为 200 mm。在巷旁支护体内布置直径为 22 mm,长度为 2 200 mm 的对穿锚杆,巷旁支护体表面铺设钢筋网。锚杆沿巷旁支护体高度方向间距 900 mm,顶角锚杆距离顶板 500 mm,沿巷道轴向排距为 800 mm。锚杆沿竖直方向采用钢筋梯梁相连,钢筋梯梁长度 3 000 mm,布置方式如图 7-2 所示。

（3）巷旁支护材料

下部刚性支护体使用矸石混凝土材料浇筑,矸石混凝土骨料采用连续级配近似为 0.6 的初级破碎的原生矸石,骨料含量 60%;胶结材料选用 P.C 32.5 波特兰水泥,水胶比为 0.55,掺入 1% 早强剂。柔性垫层采用水胶比为 3:1 的高水速凝材料填充成型。

（4）留巷区域顶板管理

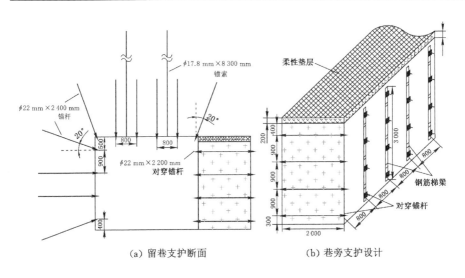

（a）留巷支护断面　　　　　　（b）巷旁支护设计

图 7-2　留巷支护设计方案

为了维护充填沿空留巷施工过程中的作业空间,方便立模浇筑,同时防止顶板发生局部的离层和冒落,需要对留巷作业区域的顶板进行支护。及时的顶板支护可以起到早期辅助支撑顶板的作用,防止工作面后方顶板荷载较早地向巷旁支护体传递,在巷旁支护体早期强度较低时,造成巷旁支护体的局部破坏。留巷区域顶板管理方案如图 7-3 所示。

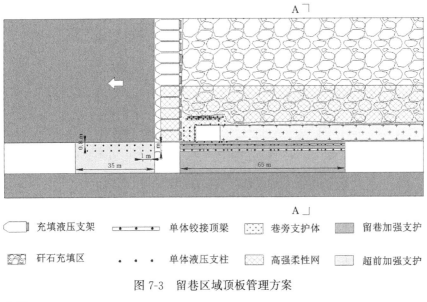

图 7-3　留巷区域顶板管理方案

第一,工作面留巷侧端头两架(3 m)不充填,第三架开始充填,从第四架开始对充填区实施推压;第二,对端头五架(0~7.5 m范围)进行架前挂网,网片采用高强度柔性网;第三,在端头两架后方未充填区域跟进打设两排单体支柱进行临时支护;第四,在端头两架后方紧贴巷旁支护体外侧打设一排单体液压支柱,另外在巷旁充填体外侧 800 mm处,沿工作面推进方向打设两排单体液压支柱,排距为 1 000 mm,配合铰接顶梁及铁鞋;第五,为了隔挡充填区矸石,并在留巷完成后缓解充填区破碎矸石对巷旁支护体的侧压力,在工作面后方单体液压支柱的临时支护区域内,将顶板柔性网铺至底板,形成一端压紧在巷旁充填体下部,一端压紧在充填区顶板的柔性连续挡矸网,A-A剖面如图 7-4所示。

图 7-4   侧向柔性挡矸网

7.1.3   加强支护方案设计

7.1.3.1   留巷巷内临时加强支护设计

为保证充填工作面沿空留巷过程中巷道围岩的稳定,在顶板活动相对强烈的区域进行临时加强支护(图 7-3)。

工作面前方巷道 35 m范围内采用单体液压支柱对顶板进行临时加强支护,每排打设 2根单体液压支柱,间距 1 000 mm,排距 1 000 mm,邻近采空侧单体与巷旁支护体间距 800 mm。

工作面后方留巷 65 m范围内,每排打设 2根单体液压支柱,与巷旁支护体表面距离分别为 800 mm和 1 800 mm,间距 1 000 mm,排距 1 000 mm。在单体液压支柱底部安装柱鞋,顶部安装铰接顶梁,按一梁三"柱"布置。

7.1.3.2   局部底鼓区域支护设计

对于底板采用C30混凝土浇筑厚度为 300 mm硬化层的基本支护方案。在留巷完成后若局部出现较大的底鼓变形,根据基于理论分析提出的底板控制原则和矿井地质条件,对局部底鼓严重区域进行加强支护,设计方案如图 7-5所示。

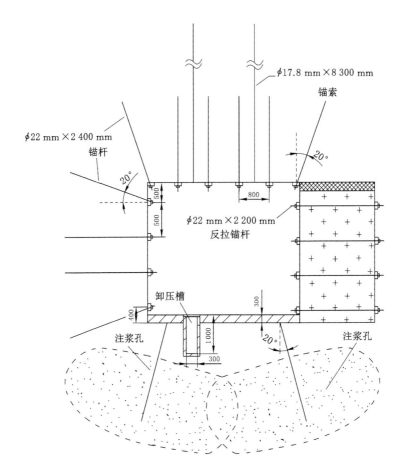

图 7-5　充填沿空留巷底板局部底鼓区域加强支护设计方案

（1）在工作面靠近留巷侧端头 3 架充填液压支架取消水平推压。有利于巷道底板塑性区的转移和变形的释放。

（2）在巷道底板距两帮 500 mm 的位置向下打孔注浆。注浆孔向巷道外侧偏转 20°，深度为 2.6 m，注浆压力 2 MPa。浆液选用水泥-水玻璃双浆，水泥标号为 P.O42.5，水灰比为 1∶0.8。通过浆液的扩散，对底板深部塑性区进行加固，用来承载巷道底板水平压力。

（3）在距离巷道实体煤帮 100 mm 的位置布置底板卸压槽，卸压槽宽度 300 mm，深度 700 mm。由于巷道底板表面为自由面，且浅部底板最大主应力为水平方向，其承载结构决定了底板浅部围岩不具备较高的承载能力。因此，在浅部布置泄压槽,为浅部底板提供水平方向变形的释放空间,能够有效减小其最大主应力,保证巷道底板表面的完整性。

(4)在底板表面浇筑 300 mm 厚度的混凝土硬化层,硬化层混凝土强度为 C30,在混凝土表面泄压槽位置铺设钢板。

7.2 现场实施效果评价

7.2.1 观测方案设计

为了分析综采充填沿空留巷效果,在工作面后方沿空留巷内布置测站,记录工作面推进过程中关键技术参数。在工作面后方每隔 30 m 布置观测站,记录工作面推进过程中巷道收敛变形量、顶板离层和深部围岩完整性、巷旁支护体支撑阻力等数据变化规律。具体监测方法如下:

(1)巷道收敛变形量:采用测杆和钢卷尺进行测量,对巷道顶、底、实体煤帮、巷旁支护体表面的测点位置进行标记,记录标记位置对应的巷道顶底移近量和两帮移近量。

(2)顶板离层和深部围岩观测:采用矿用岩层钻孔探测仪在留巷稳定区顶板和靠近巷旁支护体顶角向上打孔,钻孔向外侧偏转角度为 5°,孔深 25 m。通过窥视成像结果分析巷道顶板离层和破碎情况,评价巷旁支护体的支撑效果。

(3)巷旁支护体支撑阻力:通过在巷旁支护体顶部安装压力枕,记录在测点远离工作面过程中,巷旁支护体支撑力的演化规律,分析巷旁支护体的可靠性。相关现场数据 1~2 d 观测记录一次,同时记录时间、测站与充填工作面的相对距离。

7.2.2 观测结果分析

图 7-6 为巷旁支护体支撑阻力演化曲线。

巷旁支护体支撑阻力的监测结果表明:在充填沿空留巷过程中,巷旁支护体的支撑阻力上升段主要处于工作面煤壁后方 10~30 m 以内的范围,此时测点位于充填液压支架后方约 20 m 范围内。通过比较巷旁支护材料的设计强度和实测支撑阻力可以看出:巷旁支护材料的各龄期强度均高于相应时间的巷旁支护体的支撑阻力,说明设计配比的巷旁支护材料强度能够满足试验矿井的沿空留巷工程要求。根据第三章的研究结果,设计的巷旁支护体材料后期抗压强度平均为 7.1 MPa,现场实测巷旁支护体最大支撑阻力为 5.7 MPa,因此,从强度的角度考虑,巷旁支护体的安全系数为:

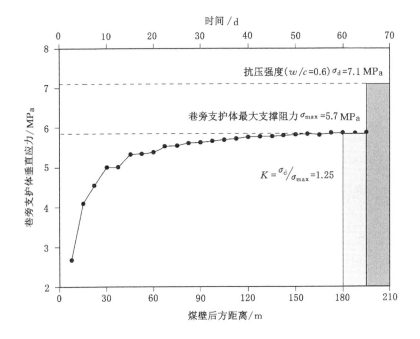

图 7-6　巷旁支护体支撑阻力演化曲线

$$K_{RSB} = \frac{\sigma_d}{\sigma_{max}} = 1.25 \qquad (7\text{-}1)$$

式中　K_{RSB}——矸石混凝土材料的安全系数；

　　　σ_d——矸石混凝土材料后期强度；

　　　σ_{max}——实测巷旁支护体最大工作阻力。

图 7-7 为深部围岩观测结果。

通过围岩钻孔成像手段可以对不同深度的围岩破碎及裂隙发育，岩层间的错动、离层等情况进行直观地观测。从充填沿空留巷 6# 测站（工作面后方 80 m）的观测图像可以看出：在沿空留巷进入稳定期后，随着钻孔深度的增加，其充填侧顶板的形态具有明显差异。在顶板表面 0～0.6 m 范围内，裂隙发育较充分，局部出现明显的破碎区，说明巷道在开挖、回采、留巷的多次扰动影响下，顶板表面岩层发生破坏。钻孔深度 0.6～18 m 的范围内，钻孔围岩完整性较好，在钻孔深度 5.8 m 和 18 m 的位置出现了沿水平方向的层状单裂隙。两条层状裂隙所产生的离层量很小，说明扰动过程中，直接顶局部出现了层状不均匀下沉，后期在巷旁支护体的

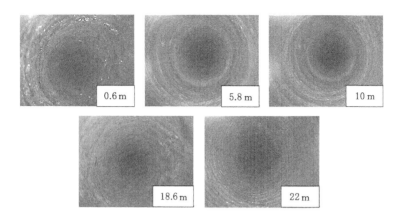

图 7-7　深部围岩观测结果

支撑作用下,随着顶板的下沉而逐渐闭合、压实。钻孔深度达到 18.6 m 时,在岩层交界面出现了局部破裂现象,说明岩层回转过程中的层间错动对界面处的直接顶岩层造成一定影响。在钻孔深度达到 22 m 时,顶板岩层较完整,未见裂隙贯通现象。据此,可以判断巷旁支护体上部顶板在充填沿空留巷过程中受到一定扰动影响,但是巷旁支护和巷内加强支护等手段的应用,未出现明显的离层现象,直接顶处于压实状态。

　　图 7-8 为深部大采高充填沿空留巷围岩控制效果。

　　工作面推进过程中,巷道顶底移近量大于两帮移近量。顶底最大移近量为112 mm,两帮最大移近量 71 mm。工作面充填液压支架后方 0~20 m 范围内,巷道变形速度最大。当测站位于充填液压支架后方 20 m 时,顶底移近量达到90 mm,为后期稳定变形量的 80.4%;两帮移近量达到 56 mm,为后期稳定变形量的 78.9%,说明经过充填松散区的应力调整,充填区能够快速进入压实稳定阶段,留巷变形基本稳定。局部底鼓变形严重区域的围岩变形监测结果表明:在加强支护前,顶底最大移近量为 427 mm,其中底鼓量为 320 mm。对底板进行局部加固处理后,顶底最大移近量为 138 mm,相比加固前减小了 67.7%。变形稳定后的巷道断面满足设计和使用要求。

　　相比垮落法管理顶板的沿空留巷技术,充填沿空留巷具有稳定、速度快、巷道变形小、基本顶岩层不破断、矿压显现不剧烈、地表沉降小的特点。现场实测结果表明:基于本书研究结果所提出的工艺参数设计原则在现场施工中取得了成功应用。

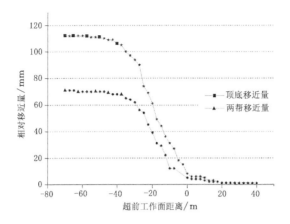

（a）巷道表面收敛变形曲线

（b）充填沿空留巷效果

图 7-8　深部大采高充填沿空留巷围岩控制效果

7.3　本章小结

　　本章以关键技术方案设计原则为依据，结合试验矿井的生产地质条件，提出了以刚-柔结合巷旁支护结构、充填区工艺参数设计、充填区侧向压力控制、底板局部加固支护设计等技术为核心的深部大采高充填沿空留巷围岩变形控制技术体系。技术方案的现场实施和相关指标的系统监测结果表明:基于本书研究结果所提出的工艺参数设计原则在现场施工中取得了成功应用,验证了研究成果的合理性和实用性。

8 结论与展望

8.1 结论

沿空留巷作为一种无煤柱开采技术,在提高资源回收率、降低巷道掘进率和优化工作面通风方式等方面具有突出优势,是绿色采矿技术发展的重要方向。而现阶段的垮落法管理顶板的沿空留巷技术在深部大采高工作面的应用效果并不理想。因此,矸石充填沿空留巷技术作为突破这一技术瓶颈的有效途径,其在深部大采高条件下的围岩变形机理及控制技术的研究已成为一项十分紧迫的任务。本书综合运用实验室试验、理论分析、数值模拟、相似试验和现场监测等手段,对深部大采高矸石充填综采沿空留巷矿压显现规律、顶板结构特征、巷旁支护材料特性、巷旁支护体稳定性、围岩控制技术等问题进行了系统研究,主要结论如下:

(1)采用实验室试验的手段重点研究了水灰比、骨料和龄期对矸石混凝土前期可缩性、中期增阻速度、后期抗压强度以及峰后承载能力的影响。结合综采矸石充填沿空留巷的矿压显现规律,探讨了矸石混凝土作为巷旁支护材料的适应性,发现水灰比在 0.46~0.60 的范围内时,其对矸石混凝土强度的调控作用最为显著。在水灰比的敏感区间内,矸石混凝土的 28 d 龄期强度可调范围为 4.97~10.18 MPa。以煤矸石作为骨料,可以加快矸石混凝土的水化、硬化速度,同时能够显著提高巷旁支护材料的峰后承载特性。

(2)基于弹性地基理论,得到了充填沿空留巷顶板下沉量预测模型。通过关键参数分析,确定了充填区散体材料的承载特性是限制顶板变形量的主控因素。巷旁支护体的支护阻力对基本顶变形的控制作用并不显著,基于此,提出了适用于深部大采高矸石充填沿空留巷的刚-柔结合巷旁支护结构。

(3)建立了充填区对巷旁支护体侧压力分析模型,推导了充填区散体矸石的侧压力系数的解析表达式。通过对巷旁支护体的极限平衡状态分析,得到了巷旁支护体的回转失稳判据 $M_q + M_G \leqslant M_{E_a}$ 和滑移失稳判据 $f \leqslant E_a \cos \delta$。在此基础上,从理论分析的角度揭示了充填沿空留巷巷旁支护体变形规律。

(4) 构建了复杂荷载条件下综采充填沿空留巷底板力学模型,求解得到了底板岩层应力场、位移场的解析表达式,揭示了底板主应力场和塑性区的分布规律。巷道底鼓量随着煤层埋深的增加而增加,随底板岩层弹性模量的增加而减小。巷道底板塑性区发育深度随底板岩层 C、φ 值和巷旁支护体支护阻力的增加而减小,随实体煤侧应力集中系数的增加而增加。实体煤侧应力集中系数、巷旁支护阻力等外部因素通过改变巷道底板水平应力,从而对巷道底板的破坏特征产生影响。基于理论分析结果,从提高底板岩层力学特性、调整底板主应力、优化底板上部荷载等方面入手,提出了深部大采高充填沿空留巷底鼓控制原则。

(5) 采用数值模拟的手段,阐明了工作面推进过程中的充填区承载特征和围岩变形规律,揭示了深部大采高充填沿空留巷围岩大结构的荷载传递机制:基本顶荷载主要由充填区和煤壁共同支撑,充填矸石的压实变形决定了基本顶的回转特征。基本顶通过自身的回转给下部巷道顶板施加给定变形。在柔性垫层适应基本顶给定变形的基础上,巷旁支护体对留巷围岩小结构稳定性的重要作用主要体现在以下两个方面:第一,有效限制了直接顶在给定变形基础上由于自身的破裂、离层等因素产生的附加变形;第二,通过对直接顶的局部支撑,减小了巷旁支护体外侧一定范围内充填区的垂直应力,从而达到了降低巷旁支护体侧压力的效果。

(6) 通过分析巷旁支护体宽度和柔性垫层厚度对留巷稳定性的影响,揭示了巷旁支护阻力和巷旁支护体水平位移随巷旁支护体宽度和柔性垫层厚度的演变规律。提出了深部大采高充填沿空留巷的"刚-柔结合"巷旁支护体关键参数的设计方法。结合现场地质条件,确定巷旁支护体合理宽度为 2.0 m,柔性垫层厚度为 200 mm。

(7) 通过颗粒流参数的标定,获得了一组能够反映实验室侧限条件下破碎矸石蠕变力学行为的细观参数。构建了 FLAC-PFC 耦合计算模型,分析了充填区顶板下沉量和巷旁支护体荷载、变形的时变规律。考虑巷旁支护体的长期稳定性,其材料强度设计应至少保留 10% 的富余量。

(8) 运用自主研制含有水平推压装置的物理模拟试验系统,首次开展了考虑充填区水平推压效应的综采充填沿空留巷相似模拟试验研究。揭示了水平推压力和巷旁支护结构对充填区承载特性、顶板变形规律和巷道收敛变形的影响规律。总结了充填区破碎矸石应力演化的阶段性特征(主动压实阶段、被动压实阶段和应力稳定阶段),发现水平推压力的增加能够促进充填区内部承载核区的形成,进而限制顶板的回转变形。通过试验结果的对比分析,验证了含有柔性垫层的巷旁支护结构在顶板变形控制中的作用机理。

(9) 以前文提出的关键技术方案设计原则为依据,结合试验矿井的生产地质条件,提出了以刚-柔结合巷旁支护结构、充填区工艺参数设计、充填区侧向压力控制、底板局部加固支护设计等技术为核心的深部大采高充填沿空留巷围岩变形控制技术体系。技术方案的现场实施和相关指标的系统监测结果表明:基于本书研究结果所提出的工艺参数设计原则在现场施工中取得了成功应用,验证了研究成果的合理性和实用性。

8.2 展望

本书针对深部大采高条件下无煤柱开采难题,综合运用实验室试验、理论分析、数值模拟、相似试验和现场监测等手段,对矸石充填综采沿空留巷矿压规律、顶板结构特征、巷旁支护材料特性、巷旁支护体稳定性、围岩控制技术等问题开展了系统研究。但是,由于工程问题的复杂性和地质条件的多样性,仍存在许多问题有待进一步研究和探讨:

(1)针对充填沿空留巷的工程特点,可以进一步建立能够反映充填区散体破碎和粒径分布的耦合数值计算模型。

(2)本书在矩形断面巷道条件下对深部大采高充填沿空留巷理论模型进行了推导,而对其他巷道断面形状的充填沿空留巷围岩变形机理有待进一步探讨。

(3)本书围绕综采充填沿空留巷围岩的变形机理及控制问题开展了系统研究,而对于综放开采条件下的充填沿空留巷问题和采空区局部充填条件下的沿空留巷问题有待进一步的深入研究。

参 考 文 献

[1] 国家发展改革委,国家能源局.煤炭工业发展"十三五"规划[EB/OL]. 2016,http://www.nea.gov.cn/2016-12/30/c_135944439.htm.

[2] 国家能源局.能源技术创新"十三五"规划[EB/OL]. 2017,http://zfxxgk. nea.gov.cn/auto83/201701/t20170113_2490.htm.

[3] 陆士良.无煤柱区段巷道的矿压显现及适用性的研究[J].中国矿业学院学报,1980,9(4):4-25.

[4] 陆士良.无煤柱护巷的矿压显现[M].北京:煤炭工业出版社,1982.

[5] 孙恒虎,赵炳利.沿空留巷的理论与实践[M].北京:煤炭工业出版社,1993.

[6] 马立强,张东升,王红胜,等.厚煤层巷内预置充填带无煤柱开采技术[J].岩石力学与工程学报,2010,29(4):674-680.

[7] 张国锋,何满潮,俞学平,等.白皎矿保护层沿空切顶成巷无煤柱开采技术研究[J].采矿与安全工程学报,2011,28(4):511-516.

[8] 马立强,张东升.综放巷内充填沿空留巷工业试验[J].中国矿业大学学报,2004,33(6):54-58.

[9] 张东升,马立强,冯光明,等.综放巷内充填原位沿空留巷技术[J].岩石力学与工程学报,2005,24(7):1164-1168.

[10] 马立强,张东升.综放巷内充填原位沿空留巷工业性试验[J].西安科技大学学报,2005,25(4):429-433.

[11] 周立超,臧传伟,张晨曦,等.倾斜煤层综采沿空留巷技术探讨与应用[J].煤矿开采,2017,22(1):73-76.

[12] 杨朋,华心祝,杨科,等.深井复合顶板条件下沿空留巷顶板变形特征试验及控制对策[J].采矿与安全工程学报,2017,34(6):1067-1074.

[13] 武精科,阚甲广,谢生荣,等.深井高应力软岩沿空留巷围岩破坏机制及控制[J].岩土力学,2017,38(3):793-800.

[14] 何满潮,郭鹏飞,王炯.破碎顶板切顶留巷采空区顶板垮落特征试验研究[J].煤炭科技,2017(3):1-7.

[15] 姜耀东,刘文岗,赵毅鑫,等.开滦矿区深部开采中巷道围岩稳定性研究[J].

岩石力学与工程学报,2005,24(11):1857-1862.

[16] GONG P,MA Z G,NI X Y,et al.Floor heave mechanism of gob-side entry retaining with fully-mechanized backfilling mining[J].Energies, 2017,10(12):2085.

[17] 缪协兴,张吉雄.矸石充填采煤中的矿压显现规律分析[J].采矿与安全工程学报,2007,24(4):379-382.

[18] ZHANG Q,ZHANG J X,HUANG Y L,et al.Backfilling technology and strata behaviors in fully mechanized coal mining working face[J].International journal of mining ccience and technology,2012,22(2):151-157.

[19] ZHANG J X, ZHANG Q, HUANG Y L, et al.Strata movement controlling effect of waste and fly ash backfillings in fully mechanized coal mining with backfilling face[J].Mining science and technology (China), 2011,21(5):721-726.

[20] 黄艳利,张吉雄,张强,等.充填体压实率对综合机械化固体充填采煤岩层移动控制作用分析[J].采矿与安全工程学报,2012,29(2):162-167.

[21] 张文海,张吉雄,赵计生,等.矸石充填采煤工艺及配套设备研究[J].采矿与安全工程学报,2007,24(1):79-83.

[22] JU F,HUANG P,GUO S,et al.A roof model and its application in solid backfilling mining[J].International journal of mining science and technology,2017,27(1):139-143.

[23] 刘建功,赵家巍,杨洪增.充填开采连续曲形梁时空特性研究[J].煤炭科学技术,2017,45(1):41-47.

[24] 王家臣,杨胜利,杨宝贵,等.长壁矸石充填开采上覆岩层移动特征模拟实验[J].煤炭学报,2012,37(8):1256-1262.

[25] MA C Q,LI H Z,ZHANG P P.Subsidence prediction method of solid backfilling mining with different filling ratios under thick unconsolidated layers[J].Arabian journal of geosciences,2017,10(23):511.

[26] GUPTA A K,PAUL B.Comparative analysis of different materials to be used for backfilling in underground mine voids with a particular reference to hydraulic stowing[J].International journal of oil,gas and coal technology,2017,15(4):425.

[27] 吴吟.中国煤矿充填开采技术的成效与发展方向[J].中国煤炭,2012,38(6):5-10.

[28] 周振宇,郭广礼,查剑锋,等.建筑物下矸石充填巷采沉陷控制研究[J].煤矿

安全,2008,39(8):19-22.

[29] 余伟健,王卫军.矸石充填整体置换"三下"煤柱引起的岩层移动与二次稳定理论[J].岩石力学与工程学报,2011,30(1):105-112.

[30] 李剑.含水层下矸石充填采煤覆岩导水裂隙演化机理及控制研究[D].徐州:中国矿业大学,2013.

[31] 涂磊,李德成,张国伟,等.五沟煤矿含水层下矸石充填开采方案[J].煤炭科技,2012(2):66-67.

[32] 张吉雄,缪协兴,郭广礼.矸石(固体废物)直接充填采煤技术发展现状[J].采矿与安全工程学报,2009,26(4):395-401.

[33] 王心义,杨建,郭慧霞.矿区煤矸石堆放引起土壤重金属污染研究[J].煤炭学报,2006,31(6):808-812.

[34] 刘松玉,邱钰,童立元,等.煤矸石的强度特征试验研究[J].岩石力学与工程学报,2006,25(1):199-205.

[35] 刘松玉,童立元,邱钰,等.煤矸石颗粒破碎及其对工程力学特性影响研究[J].岩土工程学报,2005,27(5):505-510.

[36] 常允新,朱学顺,宋长斌,等.煤矸石的危害与防治[J].中国地质灾害与防治学报,2001,12(2):42-46.

[37] 钱鸣高,许家林,缪协兴.煤矿绿色开采技术[J].中国矿业大学学报,2003,32(4):5-10.

[38] 冯锐敏.充填开采覆岩移动变形及矿压显现规律研究[D].北京:中国矿业大学(北京),2013.

[39] 缪协兴,张吉雄.矸石充填采煤中的矿压显现规律分析[J].采矿与安全工程学报,2007,24(4):379-382.

[40] 缪协兴,钱鸣高.中国煤炭资源绿色开采研究现状与展望[J].采矿与安全工程学报,2009,26(1):1-14.

[41] 窦林名,刘长友,许家林.煤炭资源高效与绿色开采技术体系:中国矿业大学国家重点学科采矿工程学科"十五"研究进展[C]//中国煤炭学会开采专业委员会2006年学术年会论文集.杭州,2006:10-18.

[42] 柏建彪,周华强,侯朝炯,等.沿空留巷巷旁支护技术的发展[J].中国矿业大学学报,2004,33(2):59-62.

[43] 张自政.沿空留巷充填区域直接顶稳定机理及控制技术研究[D].徐州:中国矿业大学,2016.

[44] 韩昌良.沿空留巷围岩应力优化与结构稳定控制[D].徐州:中国矿业大学,2013.

[45] 李迎富.二次沿空留巷围岩稳定性控制机理研究[D].淮南:安徽理工大学,2012.

[46] 宋振骐,崔增娣,夏洪春,等.无煤柱矸石充填绿色安全高效开采模式及其工程理论基础研究[J].煤炭学报,2010,35(5):705-710.

[47] 阚甲广.典型顶板条件沿空留巷围岩结构分析及控制技术研究[D].徐州:中国矿业大学,2009.

[48] 杨红运.特定地质条件沿空留巷应用技术及理论研究[D].重庆:重庆大学,2016.

[49] 武精科.深井沿空留巷顶板致灾机理与控制技术研究[D].北京:中国矿业大学(北京),2017.

[50] VIŽ I TIN G,KOCJANCIC M,VULIC M.Study of coal burst source locations in the velenje colliery[J].Energies,2016,9(7):507.

[51] YANG H Y,CAO S G,WANG S Q,et al.Adaptation assessment of gob-side entry retaining based on geological factors[J].Engineering geology,2016,209:143-151.

[52] ZHANG Z Z,BAI J B,CHEN Y,et al.An innovative approach for gob-side entry retaining in highly gassy fully-mechanized longwall top-coal caving[J].International journal of rock mechanics and mining sciences,2015,80:1-11.

[53] YANG H Y,CAO S G,LI Y,et al.Soft roof failure mechanism and supporting method for gob-side entry retaining[J].Minerals,2015,5(4):707-722.

[54] 汤朝均,盛建发,宋润权,等.切顶卸压沿空留巷技术在高瓦斯煤层群中部煤层的应用[J].煤炭工程,2016,48(3):39-41,45.

[55] 王军,高延法,何晓升,等.沿空留巷巷旁支护参数分析与钢管混凝土墩柱支护技术研究[J].采矿与安全工程学报,2015,32(6):943-949.

[56] 张东升,徐金海.矿井高产高效开采模式及新技术[M].徐州:中国矿业大学出版社,2003.

[57] 张农,韩昌良,阚甲广,等.沿空留巷围岩控制理论与实践[J].煤炭学报,2014,39(8):1635-1641.

[58] 李迎富,华心祝.沿空留巷上覆岩层关键块稳定性力学分析及巷旁充填体宽度确定[J].岩土力学,2012,33(4):1134-1140.

[59] 韩昌良,张农,姚亚虎,等.沿空留巷厚层复合顶板传递承载机制[J].岩土力学,2013,34(增刊1):318-323.

[60] 卢小雨,华心祝,赵明强.沿空留巷顶板下沉量计算及分析[J].采矿与安全
工程学报,2011,28(1):34-38.

[61] 张自政,柏建彪,陈勇,等.浅孔爆破机制及其在厚层坚硬顶板沿空留巷中
的应用[J].岩石力学与工程学报,2016,35(增刊1):3008-3017.

[62] 武精科,阚甲广,谢福星,等.深井沿空留巷顶板变形破坏特征与控制对策
研究[J].采矿与安全工程学报,2017,34(1):16-23.

[63] 陈勇,郝胜鹏,陈延涛,等.带有导向孔的浅孔爆破在留巷切顶卸压中的应
用研究[J].采矿与安全工程学报,2015,32(2):253-259.

[64] 韩昌良,张农,钱德雨,等.大采高沿空留巷顶板安全控制及跨高比优化分
析[J].采矿与安全工程学报,2013,30(3):348-354.

[65] 殷伟,陈志维,周楠,等.充填采煤沿空留巷顶板下沉量预测分析[J].采矿与
安全工程学报,2017,34(1):39-46.

[66] 孙晓明,刘鑫,梁广峰,等.薄煤层切顶卸压沿空留巷关键参数研究[J].岩石
力学与工程学报,2014,33(7):1449-1456.

[67] 高魁,刘泽功,刘健,等.深孔爆破在深井坚硬复合顶板沿空留巷强制放顶
中的应用[J].岩石力学与工程学报,2013,32(8):1588-1594.

[68] 赵一鸣,张农,郑西贵,等.千米深井厚硬顶板直覆沿空留巷围岩结构优化
[J].采矿与安全工程学报,2015,32(5):714-720.

[69] 李化敏.沿空留巷顶板岩层控制设计[J].岩石力学与工程学报,2000,19
(5):651-654.

[70] MA Z G,GONG P,FAN J Q,et al.Coupling mechanism of roof and sup-
porting wall in gob-side entry retaining in fully-mechanized mining with
gangue backfilling[J].Mining science and technology (China),2011,21
(6):829-833.

[71] 张东升,缪协兴,茅献彪.综放沿空留巷顶板活动规律的模拟分析[J].中国
矿业大学学报,2001,30(3):47-50.

[72] HE M C,GAO Y B,YANG J,et al.An innovative approach for gob-side
entry retaining in thick coal seam longwall mining[J].Energies,2017,10
(11):1785.

[73] GUO P F,HE M C,WANG J,et al.Test study on multi tray bolt in gob-
side entry retaining formed by roof cut and pressure releasing [J].
Geotechnical and geological engineering,2017,35(5):2497-2506.

[74] 何满潮,陈上元,郭志飚,等.切顶卸压沿空留巷围岩结构控制及其工程应
用[J].中国矿业大学学报,2017,46(5):959-969.

[75] 涂敏.沿空留巷顶板运动与巷旁支护阻力研究[J].辽宁工程技术大学学报（自然科学版）,1999,18(4):347-351.

[76] 李建辉,冯光明,宁帅,等.综采沿空留巷巷旁支护技术与应用[J].中国矿业,2009,18(3):77-79.

[77] 韩昌良,张农,王晓卿,等.沿空留巷砌块式墙体结构承载特性及应用研究[J].采矿与安全工程学报,2013,30(5):673-678.

[78] 唐建新,胡海,涂兴东,等.普通混凝土巷旁充填沿空留巷试验[J].煤炭学报,2010,35(9):1425-1429.

[79] 张高展,王雷,孙道胜.煤矿沿空留巷巷旁支护充填材料的制备[J].硅酸盐通报,2012,31(3):590-594.

[80] 杨宝贵,杨捷,彭杨皓.煤矿高浓度胶结充填开采沿空留巷技术研究[J].金属矿山,2015(7):25-29.

[81] 李杰,冯光明,贾凯军,等.超高水材料充填开采兼沿空留巷技术应用研究[J].煤炭工程,2013,45(11):10-12.

[82] 宁建国,刘学生,钱坤,等.薄煤层坚硬顶板沿空留巷防漏风柔性支护技术[J].煤炭科学技术,2014,42(2):6-8.

[83] 叶根喜,朱权洁,李舒霞,等.千米深井沿空留巷复合充填体研制与应用[J].采矿与安全工程学报,2016,33(5):787-794.

[84] 贾民,徐营,姜希印,等.超前立柱式沿空留巷技术研究[J].采矿与安全工程学报,2017,34(2):228-234.

[85] GONG P,MA Z G,NI X Y,et al.An experimental investigation on the mechanical properties of gangue concrete as a roadside support body material for backfilling gob-side entry retaining[J].Advances in materials science and engineering,2018,2018:1-11.

[86] 侯朝炯,易安伟,柏建彪,等.高水灰渣速凝材料巷旁充填沿空留巷的试验研究[J].煤炭科学技术,1995,23(2):2-5,34,63.

[87] GONG P,MA Z G,ZHANG R R,et al.Surrounding rock deformation mechanism and control technology for gob-side entry retaining with fully mechanized gangue backfilling mining:acase study [J].Shock and vibration,2017(2017):1-15.

[88] 陈勇,柏建彪,徐营,等.沿空留巷巷旁支护体宽度的合理确定[J].煤炭工程,2012,44(5):4-7.

[89] 华心祝,马俊枫,许庭教.锚杆支护巷道巷旁锚索加强支护沿空留巷围岩控制机理研究及应用[J].岩石力学与工程学报,2005,24(12):2107-2112.

[90] 张吉雄,姜海强,缪协兴,等.密实充填采煤沿空留巷巷旁支护体合理宽度研究[J].采矿与安全工程学报,2013,30(2):159-164.

[91] 周保精,徐金海,倪海敏.小宽高比充填体沿空留巷稳定性研究[J].煤炭学报,2010,35(增刊1):33-37.

[92] 宁建国,马鹏飞,刘学生,等.坚硬顶板沿空留巷巷旁"让-抗"支护机理[J].采矿与安全工程学报,2013,30(3):369-374.

[93] ZHANG N,YUAN L,HAN C L,et al.Stability and deformation of surrounding rock in pillarless gob-side entry retaining[J].Safety science,2012,50(4):593-599.

[94] ZHU C,LIU Z,WANG W,et al. Analysis on distribution law of the abutment pressure of the integrated coal beside the road-in packing for gob-side entry retaining in fully-mechanized caving face[J]. Engineering sciences,2009,7(3):23-27.

[95] 陈勇,柏建彪,朱涛垒,等.沿空留巷巷旁支护体作用机制及工程应用[J].岩土力学,2012,33(5):1427-1432.

[96] 张农,韩昌良,阚甲广,等.沿空留巷围岩控制理论与实践[J].煤炭学报,2014,39(8):1635-1641.

[97] YILMAZ E,BELEM T,BENZAAZOUA M.Effects of curing and stress conditions on hydromechanical,geotechnical and geochemical properties of cemented paste backfill[J].Engineering geology,2014,168:23-37.

[98] OFRANKO MARIAN,ZEMAN RÓBERT. Development and challenges on mining backfill technology[J]. Acta montanistica slovaca,2001,6(5):18-22.

[99] TAPSIEV A P,FREIDIN A M,FILIPPOV P,et al.Extraction of gold-bearing ore from under the open pit bottom at the Makmal deposit by room-and-pillar mining with backfill made of production waste[J].Journal of mining science,2011,47(3):324-329.

[100] SERYAKOV V M.Mathematical modeling of stress-strain state in rock mass during mining with backfill[J].Journal of mining science,2014,50(5):847-854.

[101] CASTRO A,PINZON H,VARGAS W,et al.Design process of a mining waste backfill[J].Dyna,2006,73(149):53-67.

[102] TAPSIEV A P,ANUSHENKOV A N,USKOV V A,et al.Development of the long-distance pipeline transport for backfill mixes in terms of Ok-

tyabrsky Mine[J].Journal of mining science,2009,45(3):270-278.

[103] PEYRONNARD O, BENZAAZOUA M. Alternative by-product based binders for cemented mine backfill: recipes optimisation using Taguchi method[J].Minerals engineering,2012,29:28-38.

[104] FARHAD HOWLADAR M, MOSTAFIJUL KARIM M. The selection of backfill materials for Barapukuria underground coal mine, Dinajpur, Bangladesh:insight from the assessments of engineering properties of some selective materials[J].Environmental earth cciences,2015,73(10): 6153-6165.

[105] MITCHELL R J,OLSEN R S,SMITH J D.Model studies on cemented tailings used in mine backfill[J].Canadian geotechnical journal,1982,19 (1):14-28.

[106] DOHERTY J P, HASAN A, SUAZO G H, et al. Investigation of some controllable factors that impact the stress state in cemented paste backfill[J].Canadian geotechnical journal,2015:1-12.

[107] HELINSKI M , FAHEY M , FOURIE A . Behavior of cemented paste backfill in two mine stopes: measurements and modeling[J]. Journal of geotechnical and geoenvironmental engineering,2011,137(2):171-182.

[108] FALL M,BENZAAZOUA M,SAA E.Mix proportioning of underground cemented tailings backfill[J].Tunnelling and underground space technology,2008,23(1):80-90.

[109] GHIRIAN A , FALL M. Coupled thermo-hydro-mechanical-chemical behaviour of cemented paste backfill in column experiments. part 1: physical, hydraulic and thermal processes and characteristics[J]. Engineering geology,2013,164:195-207.

[110] FALL M,SAMB S S.Effect of high temperature on strength and microstructural properties of cemented paste backfill[J].Fire safety journal, 2009,44(4):642-651.

[111] KESIMAL A,YILMAZ E,ERCIKDI B,et al.Effect of properties of tailings and binder on the short-and long-term strength and stability of cemented paste backfill[J].Materials letters,2005,59(28):3703-3709.

[112] ERCIKDI B, BAKI H, IZKI M.Effect of desliming of sulphide-rich mill tailings on the long-term strength of cemented paste backfill[J]. Journal of environmental management,2013,115(30):5-13.

[113] BELEM T,BENZAAZOUA M.Design and application of underground mine paste backfill technology[J].Geotechnical and geological engineering,2008,26(2):175.

[114] THOMPSON B,BAWDEN W,GRABINSKY M.In situ measurements of cemented paste backfill at the Cayeli Mine[J].Canadian geotechnical journal,2012,49(7):755-772.

[115] RANKINE R M,SIVAKUGAN N.Geotechnical properties of cemented paste backfill from Cannington Mine,Australia[J].Geotechnical and geological engineering,2007,25(4):383-393.

[116] AGARWAL V K. Geotechnical investigation of coal mine refuse for backfilling in mines[D].National institute of technology rourkela,2009.

[117] 闫浩,张吉雄,张升,等.散体充填材料压实力学特性的宏细观研究[J].煤炭学报,2017,42(2):413-420.

[118] MA Z G,GU R,HUANG Z M,et al.Experimental study on creep behavior of saturated disaggregated sandstone[J].International journal of rock mechanics and mining sciences,2014,66:76-83.

[119] GONG P, MA Z, LIU F. Compaction characteristics of strip mine slag with particle size grading[J].Electronic journal of geotechnical engineering,2014,19:4447-4455.

[120] YANG D W,MA Z G,QI F Z,et al.Optimization study on roof break direction of gob-side entry retaining by roof break and filling in thick-layer soft rock layer[J].Geomechanics and engineering,2017,13(2):195-215.

[121] MA Z, GONG P, SHI X. Compaction property for open-pit mine slag modified with water and lime[J]. Electronic journal of geotechnical engineering,2014,19:8525-8533.

[122] HUANG Zhimin,MA Zhanguo,ZHANG Lei,et al.A numerical study of macro-mesoscopic mechanical properties of gangue backfill under biaxial compression[J].International journal of mining science and technology,2016,26(2):309-317.

[123] HUANG Zhimin, MA Zhanguo, GONG Peng, et al. Macro mesoscopic mechanical property of overlying strata and backfill material in backfill mining[J]. Electronic journal of geotechnical engineering, 2014, 19:4603-4618.

[124] 马占国,缪协兴,陈占清,等.破碎煤体渗透特性的试验研究[J].岩土力学,

2009,30(4):985-988,996.

[125] 马占国,缪协兴,李兴华,等.破碎页岩渗透特性[J].采矿与安全工程学报,2007,24(3):260-264.

[126] 马占国,郭广礼,陈荣华,等.饱和破碎岩石压实变形特性的试验研究[J].岩石力学与工程学报,2005(7):1139-1144.

[127] 马占国,肖俊华,武颖利,等.饱和煤矸石的压实特性研究[J].矿山压力与顶板管理,2004(1):106-108,118.

[128] 邓雪杰,张吉雄,周楠,等.特厚煤层长壁巷式胶结充填开采技术研究与应用[J].采矿与安全工程学报,2014,31(6):857-862.

[129] 冯国瑞,贾学强,郭育霞,等.矸石-废弃混凝土胶结充填材料配比的试验研究[J].采矿与安全工程学报,2016,33(6):1072-1079.

[130] 杨宝贵,韩玉明,杨鹏飞,等.煤矿高浓度胶结充填材料配比研究[J].煤炭科学技术,2014,42(1):30-33.

[131] 王旭锋,孙春东,张东升,等.超高水材料充填胶结体工程特性试验研究[J].采矿与安全工程学报,2014,31(6):852-856.

[132] HELINSKI M, FAHEY M, FOURIE A. Numerical modeling of cemented mine backfill deposition[J].Journal of geotechnical and geoenvironmental engineering,2007,133(10):1308-1319.

[133] LANDRIAULT-D-A, BROWN R-E, COUNTER-D-B. Paste backfill study for deep mining at Kidd Creek[J]. CIM bulletin, 2000, 93(1036):156-161.

[134] HELINSKI M, FAHEY M, FOURIE A. Behavior of cemented paste backfill in two mine stopes:measurements and modeling[J].Journal of geotechnical and geoenvironmental engineering,2011,137(2):171-182.

[135] HELINSKI M,FAHEY M,FOURIE A.Coupled two-dimensional finite element modelling of mine backfilling with cemented tailings [J]. Canadian geotechnical journal,2010,47(11):1187-1200.

[136] ZHANG J X, ZHANG Q, SUN Q, et al. Surface subsidence control theory and application to backfill coal mining technology[J].Environmental earth sciences,2015,74(2):1439-1448.

[137] SUN Q,ZHANG J X,ZHANG Q,et al.A case study of mining-induced impacts on the stability of multi-tunnels with the backfill mining method and controlling strategies[J].Environmental earth sciences,2018,77(6):234.

[138] ZHANG Q,ZHANG J X,HAN X L,et al.Theoretical research on mass ratio in solid backfill coal mining[J].Environmental earth sciences, 2016,75(7):586.

[139] ZHANG J X,SUN Q,ZHOU N,et al.Research and application of roadway backfill coal mining technology in western coal mining area[J].Arabian journal of geosciences,2016,9(10):558.

[140] 李猛,张吉雄,邓雪杰,等.含水层下固体充填保水开采方法与应用[J].煤炭学报,2017,42(1):127-133.

[141] 缪协兴,张吉雄.井下煤矸分离与综合机械化固体充填采煤技术[J].煤炭学报,2014,39(8):1424-1433.

[142] 张吉雄,李猛,邓雪杰,等.含水层下矸石充填提高开采上限方法与应用[J].采矿与安全工程学报,2014,31(2):220-225.

[143] 黄艳利,张吉雄,张强,等.综合机械化固体充填采煤原位沿空留巷技术[J].煤炭学报,2011,36(10):1624-1628.

[144] 殷伟,张强,韩晓乐,等.混合综采工作面覆岩运移规律及空间结构特征分析[J].煤炭学报,2017,42(2):388-396.

[145] 殷伟,缪协兴,张吉雄,等.矸石充填与垮落法混合综采技术研究与实践[J].采矿与安全工程学报,2016,33(5):845-852.

[146] 巨峰,陈志维,张强,等.固体充填采煤沿空留巷围岩稳定性控制研究[J].采矿与安全工程学报,2015,32(6):936-942.

[147] 刘正和,赵通,杨录胜,等.大采高工作面矸石充填开采技术效果分析[J].煤炭科学技术,2015,43(4):19-22.

[148] 孙希奎,李学华.利用矸石充填置换开采条带煤柱的新技术[J].煤炭学报,2008,33(3):259-263.

[149] 郑永胜,翟洪涛,卢鑫.矸石充填工作面关键技术研究与应用[J].煤炭科学技术,2017,45(3):62-66.

[150] 马占国,范金泉,孙凯,等.残留煤柱综合机械化固体充填复采采场稳定性分析[J].采矿与安全工程学报,2011,28(4):499-504.

[151] 王家臣,杨胜利,杨宝贵,等.长壁矸石充填开采上覆岩层移动特征模拟实验[J].煤炭学报,2012,37(8):1256-1262.

[152] 孙强,张吉雄,巨峰,等.固体充填采煤矿压显现规律及机理分析[J].采矿与安全工程学报,2017,34(2):310-316.

[153] 孙强,张吉雄,殷伟,等.长壁机械化掘巷充填采煤围岩结构稳定性及运移规律[J].煤炭学报,2017,42(2):404-412.

[154] 郭文兵,杨达明,谭毅,等.薄基岩厚松散层下充填保水开采安全性分析[J].煤炭学报,2017,42(1):106-111.

[155] 王红伟,伍永平,解盘石,等.大倾角采场矸石充填量化特征及覆岩运动机制[J].中国矿业大学学报,2016,45(5):886-892.

[156] 王启春,郭广礼,查剑锋,等.厚松散层下矸石充填开采地表移动规律研究[J].煤炭科学技术,2013,41(2):96-99.

[157] ZHU X J, GUO G L, FANG Q. Coupled discrete element: finite difference method for analyzing subsidence control in fully mechanized solid backfilling mining [J]. Environmental earth sciences, 2016, 75(8):683.

[158] GUO G L,FENG W K,ZHA J F,et al.Subsidence control and farmland conservation by solid backfilling mining technology[J].Transactions of nonferrous metals society of China,2011,21:665-669.

[159] ZHU X J,GUO G L,ZHA J F,et al.Surface dynamic subsidence prediction model of solid backfill mining[J].Environmental earth sciences,2016,75(12):1007.

[160] LI H Z,GUO G L,ZHAI S C.Mining scheme design for super-high water backfill strip mining under buildings:a Chinese case study[J].Environmental earth sciences,2016,75(12):1017.

[161] 张爱勤.泰波理论在矿料级配设计中的应用[J].山东建材学院学报,2000,14(2):141-142.

[162] 谢华兵.机制砂粒形与级配特性及其对混凝土性能的影响[D].广州:华南理工大学,2016.

[163] 杨瑞华.基于分形理论的沥青混合料设计理论与方法研究[D].上海:同济大学,2008.

[164] 杨林,代圣扬,傅坚明.干混砂浆的颗粒级配研究[J].粉煤灰,2016,28(1):42-44.

[165] 王文,李化敏,熊祖强,等.粒径级配对矸石压实变形特性影响研究[J].地下空间与工程学报,2016,12(6):1553-1558.

[166] BEREST P, BLUM P A, CHARPENTIER J P,et al.Very slow creep tests on rock samples[J].International journal of rock mechanics and mining sciences,2005,42(4):569-576.

[167] XU T,XU Q,DENG M L,et al.A numerical analysis of rock creep-induced slide:a case study from Jiweishan Mountain,China[J].Environ-

mental earth sciences,2014,72(6):2111-2128.

[168] WANG Y J,SONG E X,ZHAO Z H.Particle mechanics modeling of the effect of aggregate shape on creep of durable rockfills[J].Computers andgeotechnics,2018,98:114-131.

[169] DAHHAOUI H,BELAYACHI N,ZADJAOUI A.Modeling of creep behavior of an argillaceous rock by numerical homogenization method[J]. Periodica polytechnica civil engineering,2018:62(2):1-8.

[170] ESLAMI ANDARGOLI M B,SHAHRIAR K,RAMEZANZADEH A,et al.The analysis of dates obtained from long-term creep tests to determine creep coefficients of rock salt[J].Bulletin of engineering geology and the environment,2019,78(3):1617-1629.

[171] JIA S,ZHANG L,WU B S,et al.A coupled hydro-mechanical creep damage model for clayey rock and its application to nuclear waste repository [J].Tunnelling and underground space technology,2018,74:230-246.

[172] 郭臣业,鲜学福,姜永东,等.破裂砂岩蠕变试验研究[J].岩石力学与工程学报,2010,29(5):990-995.

[173] 姜永东,鲜学福,熊德国,等.砂岩蠕变特性及蠕变力学模型研究[J].岩土工程学报,2005,27(12):1478-1481.

[174] YANG H Y,CAO S G,LI Y,et al.Soft roof failure mechanism and supporting method for gob-side entry retaining[J].Minerals,2015,5(4): 707-722.

[175] YANG H Y,CAO S G,WANG S Q,et al.Adaptation assessment of gob-side entry retaining based on geological factors[J].Engineering geology, 2016,209:143-151.

[176] NING J G,WANG J,BU T T,et al.An innovative support structure for gob-side entry retention in steep coal seam mining[J].Minerals,2017,7 (5):75.

[177] WANG H S,ZHANG D S,LIU L,et al.Stabilization of gob-side entry with an artificial side for sustaining mining work[J].Sustainability, 2016,8(7):1-17.

[178] LUAN H J,JIANG Y J,LIN H L,et al.Development of a new gob-side entry-retaining approach and its application[J].Sustainability,2018,10 (2):470.

[179] LUAN H J,JIANG Y J,LIN H L,et al.A new thin seam backfill mining

technology and its application[J].Energies,2017,10(12):1-16.

[180] WALKER S, BLOEM D L, GAYNOR R D, et al. Relationships of concrete strength to maximum size aggregate[J]. Highway research board proceedings,1959,38:367-385.

[181] MOHAMMED T U,MAHMOOD A H.Effects of maximum aggregate size on UPV of brick aggregate concrete[J]. Ultrasonics, 2016, 69: 129-136.

[182] 郭育光,柏建彪,侯朝炯.沿空留巷巷旁充填体主要参数研究[J].中国矿业大学学报,1992,21(4):4-14.

[183] 谢文兵,殷少举,史振凡.综放沿空留巷几个关键问题的研究[J].煤炭学报,2004,29(2):146-149.

[184] 库兹聂佐夫.弹性地基[M].张行健,译.北京:中国建筑工业出版社,1959.

[185] 张伟星,庞辉.弹性地基板计算的无单元法[J].工程力学,2000,17(3):138-144.

[186] 龙驭球.弹性地基梁的计算[M].北京:人民教育出版社,1981.

[187] MORFIDIS K, AVRAMIDIS I. Formulation of a generalized beam element on a two-parameter elastic foundation with semi-rigid connections and rigid offsets[J].Computers &structures,2002,80(25): 1919-1934.

[188] ARBOLEDA-MONSALVE L G, ZAPATA-MEDINA D G, ARISTIZ-ABAL-OCHOA J D. Timoshenko beam-column with generalized end conditions on elastic foundation: dynamic-stiffness matrix and load vector[J]. Journal of sound &vibration,2008,310(4):1057-1079.

[189] HOSSEINI-HASHEMI S, AKHAVAN H, TAHER H R D, et al.Differential quadrature analysis of functionally graded circular and annular sector plates on elastic foundation[J].Materials &design,2010,31(4): 1871-1880.

[190] HASANI BAFERANI A, SAIDI A, EHTESHAMI H. Accurate solution for free vibration analysis of functionally graded thick rectangular plates resting on elastic foundation[J]. Composite structures, 2011, 93(7): 1842-1853.

[191] YIN J H.Closed-form solution for reinforced timoshenko beam on elastic foundation[J].Journal of engineering mechanics,2000,126(8):868-874.

[192] SHAHRESTANI M G, AZHARI M, FOROUGHI H. Elastic and

inelastic buckling of square and skew FGM plates with cutout resting on elastic foundation using isoparametric spline finite strip method[J].Acta mechanica,2018,229(5):2079-2096.

[193] NAINEGALI L,BASUDHAR P K,GHOSH P. Interference of strip footings resting on nonlinearly elastic foundation bed:a finite element analysis[J].Iranian journal of science and technology,transactions of civil engineering,2018,42(2):199-206.

[194] HUSSAIN M,NAEEM M N,ISVANDZIBAEI M R.Effect of Winkler and Pasternak elastic foundation on the vibration of rotating functionally graded material cylindrical shell[J].Proceedings of the institution of mechanical engineers, part c: journal of mechanical engineering science, 2018,232(24):4564-4577.

[195] 王力威.库仑主动土压力作用点高度确定方法的改进[J].力学与实践, 2013,35(6):55-58.

[196] 李兴高,刘维宁,张弥.关于库仑土压力理论的探讨[J].岩土工程学报, 2005,27(6):677-681.

[197] 章瑞文.挡土墙主动土压力理论研究[D].杭州:浙江大学,2007.

[198] 陈育民,徐鼎平.FLAC/FLAC3D 基础与工程实例[M].北京:中国水利水电出版社,2009.

[199] GIRALDO ZAPATA V M,JARAMILLO E B,LOPEZ A O.Implementation of a model of elastoviscoplastic consolidation behavior in FLAC3D [J].Computers and geotechnics,2018,98:132-143.

[200] LU X H,SONG M G,WANG P F. Numerical simulation of the composite foundation of cement soil mixing piles using FLAC3D[J]. Cluster computing,2019,22(4):7965-7974.

[201] 谢和平,鞠杨,黎立云.基于能量耗散与释放原理的岩石强度与整体破坏准则[J].岩石力学与工程学报,2005,24(17):3003-3010.

[202] 李鸿昌.矿山压力的相似模拟试验[M].徐州:中国矿业大学出版社,1988.

[203] DAI L C.Research on simulation test of coal similar material[J].Advanced materials research, 2013,850/851:847-850.

[204] XING P W,SONG X M,FU Y P.Study on similar simulation of the roof strata movement laws of the large mining height workface in shallow coal seam[J].Advanced materials research,2012,450/451:1318-1322.

[205] YANLI H,JIXIONG Z,BAIFU A,et al.Overlying strata movement law

in fully mechanized coal mining and backfilling longwall face by similar physical simulation[J].Journal of mining science,2011,47(5):618-627.

[206] 董金玉,杨继红,杨国香,等.基于正交设计的模型试验相似材料的配比试验研究[J].煤炭学报,2012,37(1):44-49.